LINDA MARIA KOLDAU

Meer —— schweinchen

**HALTUNG
BESCHÄFTIGUNG
VERHALTEN
GESUNDHEIT**

MIT KOSMOS MEHR ENTDECKEN
NATUR NAH & TIER GERECHT
SEIT 1822

KOSMOS

☞ *Inhalt*

Wildes Schweineleben

— Die Welt der Meerschweinchen

Warum Meerschweinchen?

Fellnasen, Schweinchen, Fellmurmeln oder Fellkartoffeln – die Liste der Koseworte ließe sich beliebig fortsetzen. Meerschweinchen gehören zu den beliebtesten Haustieren; allein in Deutschland wuseln mehrere Millionen von ihnen in Wohnungen und Gärten herum.

Längst ist es nicht mehr das Image des „idealen Kindertiers", das für diese Beliebtheit verantwortlich ist: Halter jeden Alters schätzen das besondere Wesen der Meerschweinchen. Der Wunsch nach artgerechter Haltung hat dabei eine enorme Kreativität freigesetzt, die den Tieren zugutekommt. Haltung in Gruppen, viel Platz zum Rennen und Herumschnuppern, gesunde Ernährung ohne Getreide oder Lecksteine, abwechslungsreiche Futterspiele und immer neue Wohnideen mit Tunneln, Höhlen und Häuschen: So werden aus Meerschweinchen kleine Mitbewohner mit einer unverwechselbaren Persönlichkeit.

Meerschweinchen sind neugierige und liebenswerte kleine Wesen.

CHARMANTE GEFÄHRTEN

Was ist es, das Meerschweinchen seit Jahrhunderten zu beliebten Mitbewohnern des Menschen gemacht hat? Da kommt so einiges zusammen: Ihr großer Kopf mit den Kulleraugen erfüllt geradezu vorbildlich das Kindchenschema – also ein Anblick, der in uns Elterninstinkte weckt. Ihre Körperform und Bewegungsart wirken drollig, ihr Verhaltensrepertoire ist vielfältig. Auf bezaubernde Weise demonstrieren uns die kleinen Mitbewohner, worauf es im Leben ankommt: Fressen – Schlafen – Herumwuseln und Spielen – Fressen – Schlafen. Vor allem aber zeichnen sich Meerschweinchen durch ihre Kommunikationsfreude aus: Ständig gurrt, quiekt und fiept es in einem Meerschweinchengehege mit mehreren Tieren; für alle möglichen Lebens- und Gefühlslagen haben die Nager ihre eigenen Laute. Auch mit uns Menschen kommunizieren sie auf vielfältige Weise, sowohl durch Laute als auch mit ihrem Körper. Wer sich auf Meerschweinchen einlässt, ihnen einen Lebensraum gibt, der ihren Bedürfnissen entspricht, und sie genau beobachtet, wird bald kleine Gefährten haben, die ein unverzichtbarer Teil der Familie geworden sind.

HEIMAT SÜDAMERIKA

Die ursprüngliche Heimat der Meerschweinchen ist Südamerika, wo die wilden Verwandten unserer Hausmeerschweinchen leben. Schon vor mehr als 7 000 Jahren begannen die Inkas, Meerschweinchen zu domestizieren, primär als Fleischvorrat, aber auch als Opfertier und für schamanische Heilungsrituale. Auch heute noch werden Meerschweinchen in vielen südamerikanischen Ländern für diese Zwecke gehalten. In Europa dagegen gelten sie längst als geschütztes Heimtier.

Neugier oder Flucht? Zwei schauen noch, der dritte läuft bereits weg.

01

02

Vielfalt
— in Rasse & Farbe

Die enorme Vielfalt der Rassen lässt sich beim Hausmeerschweinchen auf drei Stammrassen zurückführen: das Glatthaarmeerschweinchen (oft auch mit einem einzelnen Wirbel auf dem Kopf), das Rosettenmeerschweinchen mit zahlreichen Wirbeln und das Peruaner Meerschweinchen mit langem seidigem Haar. Aus diesen drei Rassen sind mittlerweile vierzehn Zucht-rassen entstanden. Auch die klassischen Farbtöne Schwarz, Weiß und Rot-braun kommen inzwischen in vielen Schattierungen und Kombinationen vor, zum Beispiel Schimmel oder Agouti.

Bei Meerschweinchen sind Rassen nicht mit bestimmten, über Jahrhunderte vererbten Verhaltensweisen und Neigungen verbunden, wie das bei Hunden der Fall ist (z.B. Hüte- oder Jagdhunde). Egal welcher Rasse ein Meerschwein-chen angehört: Sein Verhalten folgt seinem individuellen Charakter.

03

04

01 Glatthaar-Meerschweinchen

02 Rosetten-Meerschweinchen

03 Angora-Mix, Safran-weiß

04 Sheltie-Merschweinchen

05 US-Teddy, Schokolade-buff-weiß

06 English Crested, Cinnamonagouti

06

05

Kleine Nager

Gemäß der biologischen Klassifikation gehören Meerschweinchen zur Klasse der Säugetiere (Mammalia) und zur Ordnung Nagetiere (Rodentia). Als Säugetiere sind sie anatomisch und in der Aufzucht ihrer Jungen – wenn auch entfernt – mit den anderen Haustieren, aber auch mit dem Menschen verwandt.

Als Nager und Pflanzenfresser müssen sie dagegen ihr Leben hauptsächlich auf die Futtersuche verwenden – und sind zudem Fluchttiere. Daraus lassen sich viele ihrer Wesenszüge erklären.

AUSSEHEN UND PHYSIOLOGIE

Meerschweinchen besitzen einen kompakten, fellbedeckten Körper. Nur hinter dem Ohr haben sie eine unbehaarte Stelle. Jungtiere haben einen sehr großen Kopf im Verhältnis zum Körper; erwachsene Tiere dagegen sind birnenförmig, mit einem Hinterteil, das breiter ist als die vordere Körperpartie. Meerschweinchen werden bis zu 35 cm lang und wiegen, je nach Geschlecht und Körperbau, zwischen 700 und 1 600 g. Körpertemperatur, Herzfrequenz und Atemfrequenz sind erheblich höher als beim Menschen.

FLUCHTTIERE

Meerschweinchen sind die natürlichen Beutetiere von Greifvögeln und kleinen Raubtieren. Da sie sich kaum wehren können, versuchen sie, in sichere Verstecke zu fliehen.

Meeris haben einen großen Kopf und einen kompakten Körper.

Wird es unheimlich, verstecken sie sich.

Dieser Instinkt lebt in den Hausmeerschweinchen ungebrochen fort: Bei einem ungewohnten Geräusch oder einer plötzlichen Bewegung sind die Tiere im Nu im sicheren Haus verschwunden. Erst allmählich wagt sich ein neugieriges Schnäuzchen hervor und erschnuppert, ob die Luft wieder rein ist. Ein Dach über dem Kopf ist daher lebenswichtig für Meerschweinchen, ebenso Tunnel und Röhren, in denen sie verschwinden können. Außerdem muss das Gehege ausreichend groß sein, damit die Schweinchen sich nicht in die Ecke gedrängt und ausgeliefert fühlen (S. 58).

IMMER HUNGRIG

Meerschweinchen haben eine träge Peristaltik. Das bedeutet, ihr Magen schiebt den Nahrungsbrei nur weiter, wenn neue Nahrung nachrückt. Darum sind Meerschweinchen fast ständig am Fressen. Über den Tag verteilt nehmen sie etwa 60 bis 80 kleine Mahlzeiten zu sich. Vor allem knabbern sie fast unentwegt an Heu oder Zweigen, die auch den Zahnabrieb fördern.

IMMER WACH

Als Fluchttiere sind Meerschweinchen fast immer in Alarmbereitschaft. Sogar wenn sie ruhen, haben sie die Augen meist geöffnet und dösen nur. Ein entspanntes Meerschweinchen, das voller Vertrauen die Augen schließt,

Kräuter und Zweige: Eine leckere und gesunde Abwechslung

Fluchttier: Immer wach, sogar beim Ruhen

zeigt Ihnen, dass es sich in seinem Gehege vollkommen sicher fühlt. Aber auch dieser Schlaf dauert nur wenige Minuten: Da Meerschweinchen ständig Futter zu sich nehmen müssen, wuseln sie bald wieder im Gehege herum. Das bedeutet, dass sie tag- und nachtaktiv sind – für das Zusammenleben ein Vorteil, denn Sie können Ihre Meerschweinchen beim Wuseln beobachten, wann immer Sie zu Hause sind. Ihre besonderen „fünf Minuten", in denen sie ausgelassen durchs Gehege toben, haben Meerschweinchen oft in der Morgen- und Abenddämmerung.

Scharfe Zähne: Im Nu wird die Paprika zerlegt.

Nachschub? Meerschweinchen sind immer hungrig.

Meerschweinchen putzen sich gerne und ausgiebig.

ZÄHNE

Meerschweinchen haben im Ober- und Unterkiefer jeweils ein Paar sehr scharfe, starke Schneidezähne. Damit beißen sie ihr Futter ab und befördern es dann mit der Zunge zu den Backenzähnen, die so weit hinten liegen, dass man sie normalerweise nicht sieht. Mit ihnen zermahlen die Tiere die Nahrung. Da die Zähne der kleinen Pflanzenfresser zeitlebens nachwachsen, sind Meerschweinchen unbedingt auf raufaserhaltiges Futter (Heu, Gras, Zweige) angewiesen, das für den nötigen Zahnabrieb sorgt.

KOT FRESSEN

Wie Kaninchen fressen Meerschweinchen einen Teil ihres Kots. Er enthält eine spezielle Bakterienflora und Vitamine, die Meerschweinchen für die endgültige Verdauung und Verarbeitung von Nährstoffen aus der Nahrung unbedingt benötigen. Wenn Ihr Tier sich nach vorne beugt und „da unten" scheinbar putzt, nimmt es lebenswichtigen Kot zu sich. Kranke Tiere werden manchmal mit den Kötteln anderer Meerschweinchen gefüttert, damit sich ihre Darmflora erholt.

SAUBERE TIERE

Meerschweinchen sind sehr saubere Tiere: Sie werden erstaunt sein, wie häufig am Tag Ihre Meerschweinchen sich ausgiebig putzen! Darum sehen die weißen Fellpartien bei gesunden Meerschweinchen wie frisch gewaschen aus, selbst wenn das Tier vor Kurzem eine saftige Tomate oder Rote Bete verputzt hat. Schmutziges Fell kann also ein Krankheitsanzeichen sein. Schon kurz nach der Geburt beginnen die Jungtiere, sich selbst zu putzen. Erwachsene Tiere putzen einander nur sehr selten; gegenseitiges Beknabbern zeugt von Stress oder Rangkämpfen. Nur langhaarige Meerschweinchen brauchen die Hilfe ihres Menschen, damit die Haare nicht verfilzen.

Rückzugsort mit Aussicht: Meerschweinchen lieben Häuschen mit Blick ins Gehege.

„Mhm! Paprika!" Meerschweinchen haben einen guten Geruchssinn und riechen sofort, wenn es etwas Leckeres gibt.

Sinnesleistungen

Um als Fluchttiere zu überleben, müssen Meerschweinchen ihre Sinne stets beieinanderhaben. Mit der Zeit werden sie Sie vor allem an Ihrer Stimme und an Ihrem Geruch erkennen und begeistert angelaufen kommen, sobald Sie das Zimmer betreten.

AUGEN

Die Augen der Meerschweinchen liegen seitlich am Kopf. Der weite Sichtwinkel lässt sie Bewegungen in ihrem Umfeld sofort erkennen. Allerdings leidet das räumliche Sehvermögen der Meerschweinchen unter der seitlichen Lage der Augen: Meerschweinchen können Entfernungen und Hindernisse allein mit den Augen nicht gut abschätzen. Für ihre räumliche Orientierung spielen daher die Tasthaare eine wichtige Rolle.
Meerschweinchen können einige Farben unterscheiden; die Farbe Rot können sie jedoch nicht erkennen.

OHREN

Meerschweinchen hören Frequenzen bis zu 33 000 Hz (Menschen dagegen nur bis zu 20 000 Hz). Das Gehör ist eine lebenswichtige Orientierung für sie: Jedes ungewohnte Geräusch versetzt sie in Alarmbereitschaft. Doch auch Positives nehmen sie sofort wahr: Wenn Sie mit dem Auto heimkommen, erkennen Ihre Tiere dessen individuellen Klang. Sobald Sie die Haustür aufschließen, erklingt ein begeistertes Quiekkonzert – nicht so, wenn jemand, der für die Schweinchen uninteressant ist, da er sie nicht füttert, den Schlüssel umdreht: Sie hören den feinen Unterschied.

NASE

Meerschweinchen verständigen sich unter anderem über Duftstoffe: Ihr Geruchssinn ist daher sehr ausgeprägt. Gruppenmitglieder wie auch Nahrungsmittel werden zuerst über ihren Geruch beurteilt: Mag ich das hier oder nicht? Rauch, Parfüms oder andere starke Gerüche tun ihrem Geruchssinn dagegen nicht gut.

TASTSINN

Der Tastsinn ist für Meerschweinchen lebenswichtig – ihnen ihre Tasthaare abzuschneiden oder wegzuzüchten, ist daher Tierquälerei. Diese langen Haare um die Meerschweinchenschnauze helfen den Tieren, sich im Dunkeln zu orientieren und Zusammenstöße zu vermeiden. Dank ihrer Tasthaare können auch blinde Meerschweinchen sehr gut überleben.

GESCHMACKSSINN

Der Geschmackssinn von Meerschweinchen ist bislang kaum erforscht. Fest steht, dass die Tiere verschiedene Geschmacksrichtungen wahrnehmen und besondere Vorlieben entwickeln: In einer Gruppe kann jedes Tier eine andere Gemüsesorte vorziehen. Meerschweinchen lieben Pflanzen mit bitterem Geschmack. Süßes mögen sie auch, sie sollten jedoch keine zuckerhaltige Nahrung bekommen, da diese ihrer empfindlichen Verdauung schadet. Obst ist zwar erlaubt, sollte aber nur in sehr kleinen Mengen gefüttert werden (S. 86).

☞ ZUSAMMENLEBEN MIT MEERSCHWEINCHEN

MEERSCHWEINCHENTYPISCH	ENTSPRECHENDE HALTUNG
Rudeltier	mindestens zu zweit, besser in einer Gruppe halten
Fluchttier, Angst vor Beutegreifern	— Käfig auf Augenhöhe stellen — keine hektischen Bewegungen — nicht von oben greifen — Schutz bieten (Unterstände, Häuser)
ständige Wachsamkeit	— nicht aus dem Schlaf reißen — nur ausnahmsweise aus dem Gehege nehmen
Bewegungsdrang	großes Gehege bzw. täglicher Freilauf
ausgeprägter Geruchssinn	nicht in Raucherzimmern halten oder anderen starken Gerüchen aussetzen
empfindliches Gehör	nicht neben Lautsprecherboxen oder anderen Lärmquellen halten
extrem fortpflanzungsfreudig	nur Kastraten, niemals potente Böckchen mit Weibchen halten

Meerschweinchensprache

Quieken, Muckern, Brommseln, Gänsemarsch und Popcornen – bei Meerschweinchen ist immer etwas los. Aber nicht immer ist es leicht, sie zu verstehen: Wann signalisiert ein Meerschweinchen, dass es zufrieden ist – und wann will es in Ruhe gelassen werden?

Im Gegensatz zu anderen Nagern besitzen Meerschweinchen eine vielseitige, sehr differenzierte Lautsprache – und sie sind äußerst geschwätzig. Ihre Kommunikationsfreude trägt zu ihrer Beliebtheit bei: Auf ihre Weise tun sie ihrem Menschen kund, was sie gerade beschäftigt. Auch untereinander schätzen Meerschweinchen die Unterhaltung: In einem Gehege mit mehreren Tieren wird immer wieder gemuckert, gequiezt, gebrommselt und gegurrt. Und Meerschweinchenbabys lieben es, jeden ihrer Schritte zu kommentieren.

„Melone? Nichts wie hin!" Erhält ein Meerschweinchen ein Stück Lieblingsfutter, gurrt es macnchmal zufrieden.

 **LAUTSPRACHE**

LAUT	BEDEUTUNG
Glucksen	Ausdruck der Unterhaltung und des Gruppenzusammenhalts
leises Muckern: „tutt-tutt", „muck-muck"	Wohlfühllaut, Kommentar jedes Schritts im Freilauf, Zufriedenheit innerhalb der Gruppe
knatterndes Purren („Brommseln"): tiefer, vibrierender Laut	a) Männchen gegenüber Weibchen: Werbungslaut b) unter gleichgeschlechtlichen Tieren: Imponiergehabe („Ich bin ein großes, starkes, wichtiges Schwein!") c) Weibchen: „Ich bin paarungsbereit!"
kurzes Gurren: wie das Purren, aber kurz	a) kurz, stoßartig: Ausdruck des Erschreckens und Unwohlseins b) etwas länger: Versuch, sich selbst und das Gegenüber zu beruhigen c) ebenfalls etwas länger, aber nur einmal: „Endlich! So soll es sein!" (wird ausgestoßen, wenn man das Schweinchen zurück ins Gehege setzt oder ihm ein besonders leckeres Stück Futter gibt)
Quiezen: schrilles kurzes Quieken mit einzelnen Gurrlauten	Diskussion innerhalb der Gruppe, Uneinigkeit, kann in einen Streit ausarten
Quieken: schriller, anhaltender Laut (auch als „Pfeifen" bezeichnet)	a) Ruflaut: Ausdruck der Verlassenheit und Antwort des Rudels auf das Rufen eines verlorengegangenen Mitglieds b) schrill, als Einzellaut: Angst, Schmerz c) stoßartig, Quiekkonzert: Betteln gegenüber dem Menschen („Futter bitte – sofort!!!")
monotones, leises Quieken	beim Gesundheitscheck oder sonst außerhalb des Geheges: „Ich fühle mich nicht wohl! Ich will zurück ins Gehege!"
wiederholtes Fiepen	einzelnes Schweinchen innerhalb einer Gruppe: „Ich bin das rangniedrigste Schwein – das ist in Ordnung so, ich tue niemand etwas, und niemand tut mir etwas."
Cirpen, Zirpen	vogelartiges Zwitschern eines einzelnen Tiers, vermutlich Ausdruck von Stress, tritt bei Änderungen innerhalb der Gruppe oder bei Haltung an einem zu dunklen Standort auf
Zähneklappern	Imponiergehabe, Warnlaut, Drohlaut: „Komm mir bloß nicht zu nah!"

Körperkontakt zwischen Mutter und Jungtier

Aus sicherem Unterstand wird die Lage geprüft:

KÖRPERSPRACHE

Die Körpersprache der Meerschweinchen ist ebenso vielfältig wie ihre Lautsprache. Meerschweinchen zeigen ihren Mitbewohnern – ob Schwein oder Mensch – recht deutlich, was sie wollen.

KONTAKT UND SOZIALES MITEINANDER

Nasenberührung Das ist eine Begrüßungsgeste, die „Wer bist denn du?" bedeutet.

Hinterteil beschnuppern neugierige Erkundung des Mitbewohners

Lecken a) an der Hand des Menschen: Aufmerksamkeit, Suche nach Geborgenheit, Zuneigung, b) an der Haut des Menschen: Aufnahme von Salz, c) Artgenossen: Suche nach Geborgenheit, Zuneigung (meist nur bei Tieren in zu kleinen Käfigen), d) Erwachsene Meerschweinchen gegenüber Babys: Pflege, Säubern, Zuneigung, Verdauungsmassage nach dem Säugen

Gänsemarsch gemeinschaftliche Erkundung von Neuem – der Mutigste läuft voran

Brommseln, „Rumba" Beim Brommseln wird das Hinterteil geschwungen, die Vorderbeine sind steif, und das Ganze wird von Purren begleitet. Brommseln hat folgende Bedeutung: a) Männchen gegenüber Weibchen: Werbung und Imponiergehabe, b) gegenüber gleichgeschlechtlichem Partner: Imponiergehabe, c) Weibchen gegenüber Männchen: Paarungsbereitschaft

Kurzes, heftiges Schütteln a) Verärgerung über Angefasstwerden, Entspannung nach dem Anfassen, b) Teil des Putzens

Bocksprünge, „Popcornen" Luftsprünge mit allen vier Beinen gleichzeitig, oft mit Drehungen verbunden, unwillkürlich und ungesteuert: a) Begeisterung, Freude, Ausgelassenheit, b) Übersprungshandlung bei Unsicherheit

„Ist die Luft rein?"

Ganz entspannt: Gemütlicher Meerschweinchentrott

WACHSAMKEIT UND ANGST

Kopf erhoben und nach vorne ausgestreckt Alarmbereitschaft: „Irgendwas ist da los – ist das gefährlich?"

Starres Verharren Angststarre – das Meerschweinchen versucht, sich angesichts des Feindes unsichtbar zu machen.

Putzen a) normale Körperpflege, b) Übersprungshandlung bei Unsicherheit

SELBSTBEHAUPTUNG

Aufrichten mit steifen Vorderbeinen Drohgeste: „Ich bin groß und furchterregend!"

Mit dem Kopf nach oben stoßen Abwehrreaktion – verärgert, aufgeregt, will in Ruhe gelassen werden, will ein Hindernis beseitigen

Schnappen „Weg da!" (gegenüber anderen Schweinchen). Sieht aus wie ein Nasenstüber, aber die Zähne sind durchaus beteiligt.

Beißen (selten) bei Rangordnungskämpfen; panische Abwehr gegen Bedrängung

FRESSVERHALTEN

Aufrichten auf die Hinterbeine (Schnäuzchen wird dabei nach vorne und oben gestreckt): a) Bettelgeste: „Futter bitte – schnell, ich verhungere!", b) Umgebung überblicken

Scharren a) Wühlen nach Leckerbissen, b) Unsicherheit und Übersprungshandlung bei Rangordnungskämpfen, c) Unsicherheit bei Rangordnungskämpfen unter Böckchen

Futter klauen typisches Fressverhalten. Die Meerschweinchen schnappen sich das Futter gegenseitig weg, meist ohne Aggression.

Futter verlegen Suche nach dem noch besseren Stück

RUHEVERHALTEN

Liegen auf der Seite ausgestreckt, Hinterbeine auf die Seite oder nach hinten ausgestreckt – Entspannung, Geborgenheit, Wohlfühlmodus

Dösen in der Hocke oder liegend – kurze Ruhephase, Entspannung

001
Zum Film:
Verhalten
verstehen

Leben im Rudel

Niemals alleine! Meerschweinchen brauchen Artgenossen, um ein glückliches Leben führen zu können. Auch wenn sie nicht miteinander kuscheln und nur selten beieinander liegen: Das Wissen um Geborgenheit in der Gruppe bedeutet ihnen alles.

MINDESTENS ZU ZWEIT

Als Rudeltiere zeigen Meerschweinchen ein facettenreiches Sozialverhalten. Wilde Meerschweinchen leben in großen Gruppenverbänden mit mehreren Untergruppen. Auch Hausmeerschweinchen brauchen unbedingt das Zusammenleben mit Artgenossen – weder Mensch noch Kaninchen können dies ersetzen. Während in manchen Ländern die Einzelhaltung bereits durch Tierschutzgesetze verboten ist, dürfen in Deutschland noch immer Meerschweinchen alleine gehalten werden – für sie ist dies jedoch eine Qual, die ihr ganzes Leben beeinträchtigt und ihre Meerschweinchenseele verkümmern lässt. Sie sollten daher mindestens zu zweit, besser noch in einer kleinen Gruppe gehalten werden.

WER IST CHEF?

Innerhalb einer Gruppe besteht eine feste Rangordnung – wobei selbst in einem Harem durchaus auch ein Weibchen Chef sein kann. Der Mensch kann oft nur bei Konflikten erkennen, wer ein ranghöheres und wer ein rangniederes Schweinchen ist: Meerschweinchen legen ansonsten keinen Wert darauf, ihren Rang zu demonstrieren. Allerdings steht diese Ordnung nicht auf alle Zeiten fest: Unter bestimmten Umständen – etwa die vorübergehende Krankheit eines Tieres, der Tod

eines Mitglieds oder ein neues Schweinchen – können einzelne Tiere im Rang aufsteigen. Meerschweinchen in gut funktionierenden

Zweierteams können sogar ranggleich wirken. Sie sind so aufeinander eingespielt, dass sie Meinungsverschiedenheiten aushandeln, ohne dass einer in allem der Chef sein muss.

MEERSCHWEINCHEN-ALLTAG

Das Wichtigste im Leben eines Meerschweinchens ist Fressen und Schlafen – natürlich im Gruppenverband. Futter lässt die kleinen Schweinchen immer aufhorchen. Meistens nehmen sie es gemeinsam ein und schnappen sich gerne gegenseitig die besten Leckerbissen weg. Nur selten kommt es dabei zu Aggressionen: Meerschweinchen sind friedliebend und suchen sich, wenn nicht gerade ihr Status bedroht ist, lieber ein anderes gutes Futterstück, anstatt zu streiten.

Besonders inspirierend sind die Ruhephasen unserer kleinen Mitbewohner: entspannt dahingegossen, die Beinchen auf die Seite oder nach vorne gestreckt, ein Bild seliger Ruhe. Ein unerwartetes Geräusch lässt sie jedoch im Nu aufschrecken und im sicheren Versteck verschwinden.

Auf ungewohntem Gelände bewegen Meerschweinchen sich im Gänsemarsch: der Mutigste voran, der Rest einer nach dem anderen hinterher. Auch Spielzeug, Tunnel oder neue Häuser werden so erkundet. Sind sie ausgelassen, springen sie mit allen vier Beinen in die Höhe – und wundern sich, wenn ihr Schnäuzchen beim Aufkommen in eine andere Richtung zeigt.

Immer schön im Gänsemarsch: Die Gruppe gibt Sicherheit in unbekanntem Terrain.

01

Charakter-schweinchen

— Philosophen, Kindsköpfe und Charmeure

So ähnlich sie sich manchmal sehen mögen, jedes Schweinchen hat seinen eigenen, unverwechselbaren Charakter. Philip und Matteo – zwei meiner Schweinchen – bilden ein ganz besonderes Team. Philip ist ein neugieriges, stets hungriges Rosettenmeerschweinchen, das gerne Chef sein will, aber eigentlich nicht dafür geschaffen ist: Er ist zartbesaiteter, als er zugibt. Das hat Matteo recht schnell erkannt. Der kleine Stratege lässt seinen großen Bruder Philip im Glauben, dass dieser Chef sei – und macht dann einfach sein eigenes Ding. Philip ist, obwohl längst erwachsen, ein rechter Kindskopf geblieben, der auch ordentlich schmollen kann.

Matteos besonderer Charakter zeigte sich bereits in den ersten Wochen seines Lebens. Von Anbeginn gab er sich als ein kleiner Philosoph: nachdenklich, zurückhaltend, etwas schüchtern. Inzwischen hat sich gezeigt, dass er bei aller Zurückhaltung ganz genau weiß, was er will, und gerne pragmatisch denkt. So beschloss Matteo im Alter von neun Monaten, dass er, wenn sich das mit dem Herausnehmen und In-den-Freilauf-Setzen schon nicht vermeiden lässt, genauso gut das Beste daraus machen kann. Seitdem rollt er sich gemütlich auf die Seite, sobald er herausgenommen und auf einem weichen Schoß platziert wird, lässt sich gnädig eine Möhre servieren, demonstriert ansonsten aber, dass er sich von nichts und niemandem aus der Ruhe bringen lässt. Eben ein kleiner Philosoph.

02

03

01 Philip hat immer Hunger: „Ob ich wohl bitte noch ein Stück Paprika bekommen könnte?"

02 „Wenn mich keiner füttern will, gehe ich halt in meine Hängematte!"

03 Matteo wirkt immer etwas nachdenklich, ein kleiner Philosoph!

04 So unterschiedlich die beiden Charaktere sind, sie vertragen sich hervorragend.

04

Fortpflanzung und Erziehung

Meerschweinchen sind äußerst vermehrungsfreudig. Ein Weibchen kann mehrmals im Jahr Junge austragen, und die männlichen Jungtiere sind oft schon im Alter von drei Wochen zeugungsfähig. Eine frühzeitige Trennung der Babyböckchen von ihrer Mutter und ihren Schwestern ist darum sehr wichtig (S. 123).

SCHWANGERSCHAFT UND GEBURT

Meerschweinchenweibchen sind alle 14 bis 18 Tage paarungsbereit, vor allem aber auch unmittelbar nach der Geburt. Die Tragzeit beträgt zwischen 63 und 72 Tagen; häufig nimmt das Schweinchen dabei erst einige Wochen vor der Geburt stark an Umfang zu. Kurz vor der Geburt sucht das Weibchen sich eine ruhige Stelle (ein Nest wird nicht gebaut). Die Jungen kommen in der Eihaut zur Welt, die sofort von der Mutter abgeknabbert wird. Ein Wurf besteht meist aus zwei bis drei Jungen, in manchen Fällen aber auch aus bis zu sechs Babyschweinchen.

KINDHEIT IN DER GROSSFAMILIE

Meerschweinchenjunge sind Nestflüchter. Sie kommen als perfekte Mini-Schweinchen mit offenen Augen und Fell zur Welt und begin-

01 *Vermehrungsfreudig: Rechtzeitige Geschlechtertrennung und Kastration sind notwendig, um Nachwuchs zu vermeiden.*

02 *Weibchen erkennt man an der Y-förmigen Genitalöffnung.*

03 *Beim Männchen sehen die Genitalien aus wie ein „i".*

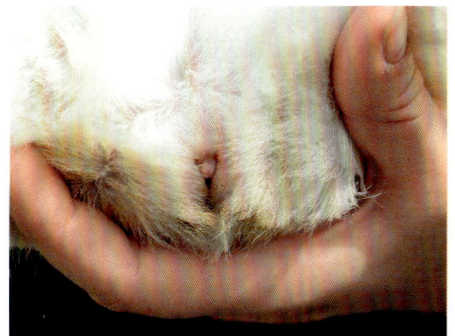
02

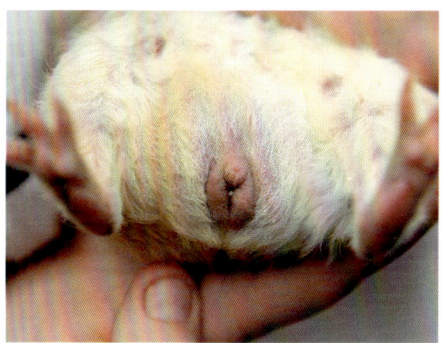
03

nen nach wenigen Minuten, um die Mutter herumzuwuseln und probeweise auch an Heu zu knabbern. Sie werden etwa drei Wochen lang alle zwei bis drei Stunden von ihrer Mutter gesäugt, fressen aber auch schon vom ersten Tag an anderes Futter. Hier ist vielfältiges Füttern angesagt: Meerschweinchen nehmen nur selten Futter an, das sie nicht bereits als Babys kennengelernt haben.

Bei Babys machen Meerschweinchen eine Ausnahme von ihrer Abneigung gegen das Kuscheln: Erwachsene Tiere – nicht nur die Mutter – liegen gerne dicht mit den Schweinchenkindern zusammen. Allerdings sind Meerschweinchenbabys schon sehr unabhängig. Sie bewegen sich frei im Gehege, erkunden die neue Welt und werden innerhalb der Gruppe von mehreren erwachsenen Weibchen erzogen. Böckchen sollten, sobald sie nicht mehr gesäugt werden (und dann auch schon geschlechtsreif sind), von einem älteren Kastraten erzogen werden, um „Meerschweinchenbenimm" zu lernen. Diese Erziehung ist lebenswichtig für die Jungtiere: Ohne sie werden sie später Schwierigkeiten haben, sich in eine neue Gruppe zu integrieren.

PUBERTÄT UND ERWACHSENWERDEN

Auch Meerschweinchen kommen in die Pubertät. In den sogenannten „Rappelphasen" beginnen junge Schweinchen, sich gegen ihren untergeordneten Babystatus aufzulehnen. Bei Jungtieren treten diese Phasen im Alter von 3, 6 und 9 Monaten auf. Vor allem die 6-Monats-Rappelphase fällt oft heftig aus: Hier stellen die Jugendlichen die bewährte Rangordnung ihrer Gruppe infrage. Tiere, die bislang harmonisch zusammengelebt haben, können sich dabei so heftig zerstreiten, dass man sie trennen muss. Bei Weibchen ist wichtig, dass sie in ihrer Rappelphase einen Kastraten haben, der ihnen auch einmal Grenzen setzt – ansonsten können sie sich zu wahren Zicken entwickeln, die sich kaum vergesellschaften lassen.

Mit 8 bis 12 Monaten gelten Jungtiere als ausgewachsen. Wirklich „reif" sind sie frühestens mit einem Jahr. Auch in diesem Alter sollten die bewegungsfreudigen Jungtiere jedoch viel Platz haben und immer mal wieder Abwechslung im Gehege erleben.

01

02

01 „Ob es wohl was Gutes gibt –
oder soll ich mich wieder hin-
legen?"

02 „Ich bin soooo müde – nur gut,
dass ich ein Dach über dem Kopf
hab und mir um die nächste
Mahlzeit keine Sorgen machen
muss."

03 „Guten Morgen – hast Du ein
Stück Paprika für mich?"

04 „Wenn ich gaaaanz erwartungs-
voll gucke – krieg ich dann eine
Erbsenflocke?"

05 „Ich weiß ganz genau, dass ich
ein fotogenes Meerschweinchen
bin..."

05

Kommunikation
— zwischen Mensch und Meerschweinchen

03

04

Um 20.30 Uhr quiekt es. Erst leise erinnernd, dann deutlich auffordernd. Wenn ich jetzt nicht den Film stoppe, vom Sofa aufstehe und die Tüte mit den Erbsenflocken hole, wird es richtig laut. Am nächsten Abend geht es wieder los. Nach Philip kann man inzwischen die Uhr stellen: Was ursprünglich mal ein Betthupferl war, ist festes Ritual geworden. Philips Aussage ist dabei eindeutig: „Eine Erbsenflocke bitte – und nein, ich will keine Möhre und kein Stück Paprika und keine Handvoll Heu, sondern eine *Erbsenflocke*!" Philip hat mich gut konditioniert. Ich habe gelernt, sein abendliches Quieken aufs Wort zu verstehen und angemessen zu handeln.

Zudem ist Philip besonders geschickt darin, seine Befindlichkeiten durch seine Körpersprache und Mimik mitzuteilen. Wenn ihm etwas gegen den Strich geht, hat er einen mürrisch-beleidigten Gesichtsausdruck, zieht sich demonstrativ zurück und lässt sich auch nicht durch ein Blatt Löwenzahn versöhnen. Ist er dagegen guter Laune, läuft er neugierig herum, popcornt, schnuppert an Fingern und dargebotenen Gräsern.

Was sagt mein Schwein? Beobachten Sie Ihr Tier jeden Tag: Mit der Zeit werden Sie seine Eigenheiten, die individuelle Körpersprache und sogar seine Mimik genau kennen und verstehen lernen.

Willkommen in meinem Leben

— Auswahl und Eingewöhnung

Passen Meerschweinchen zu mir?

Neugierig, sozial, friedlich, aber auch durchsetzungsfähig, wuselig und tiefenentspannt: Meerschweinchen schenken, wenn sie richtig gehalten werden, ihren Menschen viel Lebensfreude. Bevor Sie die Tiere anschaffen, sollten Sie jedoch genau prüfen, ob Ihre Lebensumstände den Bedürfnissen von Meerschweinchen entsprechen.

GRUNDSÄTZLICHES

Sind alle Familienmitglieder einverstanden? So klein Meerschweinchen sind, ihre Anwesenheit macht sich im ganzen Haus bemerkbar. Heu, Einstreu und Meerschweinchenhaare haben die Angewohnheit, sich überall zu verteilen. Meerschweinchen riechen zwar nicht, wenn das Gehege regelmäßig gereinigt wird, aber mit ihrem Gewusel und ihren gelegentlichen Auseinandersetzungen können sie durchaus laut werden.

Bedenken Sie, dass Meerschweinchen kein Kinderspielzeug sind (S. 34). Wenn Sie in einer Mietwohnung wohnen, ist die Haltung von Meerschweinchen grundsätzlich – und ohne ausdrückliche Genehmigung des Vermieters – gestattet, solange es nicht zur

Meerschweinchen im Viererpack: Schweinchen dürfen nie einzeln gehalten werden.

Zur Verantwortung für Meerschweinchen gehört die tägliche Versorgung mit frischem Futter.

Geruchsbelästigung oder Beschädigung der Einrichtung kommt. Nicht erlaubt dagegen ist die gewerbliche Zucht oder die Haltung einer unmäßig großen Anzahl von Tieren.

VERANTWORTUNG

Meerschweinchen werden 6 bis 8 Jahre alt. Können Sie und Ihre Familie für so viele Jahre die tägliche Sorge und Verantwortung übernehmen? Dazu gehört auch die ärztliche Versorgung, wenn Ihre Meerschweinchen krank werden.

Da Meerschweinchen in Einzelhaltung verkümmern, müssen mindestens zwei Meerschweinchen angeschafft werden, besser noch eine Gruppe von mehreren Tieren. Verantwortung bedeutet auch, dass man allein verbleibenden Tieren einen neuen Partner gibt oder dafür sorgt, dass sie ein gutes neues Zuhause in einer Gruppe finden.

ZEIT

Meerschweinchen brauchen täglich mehrmals Futter, das Gehege ist mindestens einmal wöchentlich auszumisten, der Gesundheits-check findet ebenfalls einmal pro Woche statt. Darüber hinaus ist Meerschweinchenhaltung nur sinnvoll, wenn man sich auch täglich mit den Tieren beschäftigt. Haben Sie so viel Zeit für neue Mitbewohner?

PLATZ

Meerschweinchen brauchen viel Platz, um ihren natürlichen Bewegungsbedarf ausleben zu können. Der Tierschutz empfiehlt ein Mindestmaß von 1,20 × 0,6 m. Das ist jedoch lediglich das absolute Minimum; als Daueraufenthalt ist ein so kleines Gehege für Meerschweinchen ungeeignet. Als Faustregel gilt bei 2 Tieren eine Gehegegröße von mindestens $0,5\,m^2$ pro Tier, bei 3 Meerschweinchen am besten eine Grundfläche von ca. $2\,m^2$. Für jedes weitere Tier sollte die Mindestgrundfläche um $0,3\,m^2$ erweitert werden. Zur Platzfrage gehört auch die Lagerung von Heu und Einstreu sowie die regelmäßige Entsorgung nach dem Ausmisten. Schon bei zwei Tieren fällt wöchentlich eine erhebliche Menge an Bioabfall an, der bis zur Entsorgung gelagert werden muss.

STANDORT

Haben Sie in Ihrem Wohn- oder Arbeitszimmer Platz für eine Meerschweinchengruppe? Meerschweinchen möchten am Leben ihrer Menschen teilhaben, brauchen außerdem natürliches Licht und gute Luft. Garage oder Keller sind ungeeignet, ebenso das Kinderzimmer, da Meerschweinchen Tag und Nacht aktiv sind, sich unterhalten und dabei manchmal ziemlichen Lärm machen können – auch nachts. Gleichzeitig sind die kleinen Nager

Frisches Gras schmeckt noch besser als Heu!

 Checkliste

8 × JA ZU MEERSCHWEINCHEN

☐ Wenn Sie die Meerschweinchen für Ihr Kind anschaffen, tragen trotzdem Sie die Verantwortung für die Tiere. Sind Sie dazu bereit?

☐ Sind alle Familienmitglieder mit dem Meerschweinchenkauf einverstanden?

☐ Sind Sie bereit, für mindestens sechs bis acht Jahre die Verantwortung für ein Lebewesen zu übernehmen?

☐ Ist niemand in der Familie gegen Tierhaare oder Heu allergisch?

☐ Verfügen Sie über den Platz für ein geräumiges Gehege mit Auslauf drinnen und draußen?

☐ Sind Sie bereit, nicht nur die Ausgaben für Futter und Pflege zu tragen, sondern auch die Unkosten für Tierarztbesuche und Urlaubsversorgung?

☐ Ist auch während Urlaub oder Krankheit die Versorgung der Tiere gewährleistet?

☐ Können Sie den Meerschweinchen täglich mehrere Stunden für Pflege, Auslauf und Zuwendung widmen?

Wenn Sie 8-mal mit Ja antworten können, steht einer Haltung nichts im Wege. Falls nicht, sollten Sie die Anschaffung noch einmal gründlich überlegen.

lärm- und geruchsempfindlich, dürfen also nicht neben Lautsprecherboxen oder in einem Raucherzimmer leben. Direkte Sonneneinstrahlung darf nicht zu Hitzestauung führen; es sollten immer schattige und ausreichend kühle Ecken im Gehege zur Verfügung stehen. Die Außenhaltung dagegen fordert noch einmal besonderen Aufwand (S. 72).

GESUNDHEIT UND SAUBERKEIT

Lassen Sie vor der Anschaffung unbedingt untersuchen, ob Sie und Ihre Familie allergisch auf Tierhaare, Staub, Heu oder Einstreu reagieren. Hautrötungen, Juckreiz, tränende Augen oder Atembeschwerden sind ein Alarmzeichen.

Meerschweinchen werden nur sehr bedingt stubenrein, brauchen aber täglichen Auslauf. Es lässt sich nicht vermeiden, dass Heuhalme, Einstreu, Haare und die „Hinterlassenschaften" der Tiere sich gelegentlich auf Teppichen und immer wieder in der ganzen Wohnung verteilen. Selbst bei regelmäßigem Ausmisten kann es vor allem im Sommer manchmal „nach Tier" riechen; grundsätzlich wird es aber nach Heu duften.

Da Meerschweinchen Nager sind und vor allem als Jungtiere ihre Zähne gerne an allem

Qual der Wahl: An einem frischen Gemüseteller sind Meerschweinchennasen geradezu überwältigt.

Möglichen und Unmöglichen ausprobieren, werden sie unweigerlich die eine oder andere Spur an Ihrer Einrichtung hinterlassen. Gefahrenquellen müssen dabei entfernt werden (S. 69).

KOSTEN

Die Anschaffungskosten variieren von 15 bis ca. 50 Euro pro Schweinchen, je nachdem, ob man sie im Zoofachhandel oder bei einem Züchter kauft oder ob man sie aus einer Notstation aufnimmt (S. 42).

Sicherlich sind diese Kosten der geringste Posten in der Meerschweinchenhaltung. Kalkulieren Sie vor der Anschaffung unbedingt den unvorhersehbaren Faktor „Tierarzt" mit ein – je nach auftretenden Krankheiten können hier Kosten von mehreren hundert Euro entstehen. Auch ein Gehege, das den Bedürfnissen der Meerschweinchen gerecht wird, kann in dieser Preisklasse liegen. Hinzu kommen geringere Beträge für die Einrichtungsgegenstände. Regelmäßige Kosten entstehen außerdem für: hochwertiges Heu, Einstreu und Abfallentsorgung, Grünfutter, Gemüse und gesunde Trockenfutterarten. Eine professionelle Urlaubsbetreuung kostet zwischen 2 und 5 Euro pro Tier und Tag.

„Schon wieder leer? Wann kommt der Nachschub?"

MEERSCHWEINCHEN UND KINDER

Oft sind Meerschweinchen ein Kinderwunsch. Wenn Kinder lernen, Verantwortung für ein Tier zu übernehmen und sorgfältig mit ihm umzugehen, so ist das ein Kapital fürs Leben: Freude an der Beobachtung, Geduld, Fürsorge, vor allem aber die Freude an der wachsenden Beziehung zu einem Tier sind positive Erfahrungen, die Ihre Kinder stets begleiten werden.

Dennoch bleibt die Verantwortung für die Meerschweinchen immer in den Händen der Eltern: Ein Kind ist mit der jahrelangen täglichen Versorgung eines Tiers überfordert, und vor allem kleineren Kindern fehlt noch die Feinmotorik und das Verständnis dafür, dass Meerschweinchen als Fluchttiere äußerst vorsichtig angefasst werden müssen und durch Kuscheln, Herumtragen und Spielen großem Stress ausgesetzt werden. Zeigen Sie Ihren Kindern daher im gemeinsamen Umgang mit den Tieren, wie man Meerschweinchen richtig anfasst, und vermitteln Sie ihnen das notwendige Wissen über die besonderen Bedürfnisse der kleinen Nager.

Lassen Sie Kleinkinder niemals mit Meerschweinchen allein. Die Neugier und der Spieltrieb der Kinder tun den Schweinchen leider nur selten gut. Meerschweinchen haben, selbst wenn sie kompakt aussehen, einen sehr zarten Knochenbau. Versucht ein strampelndes Schweinchen, sich aus einem Kindergriff zu befreien, können rasch Knochen brechen – oder es gelingt dem Kind nicht, das Tier festzuhalten. Vor allem junge Meerschweinchen sind sehr schreckhaft und springen aus Angst sogar von großer Höhe hinunter.

Kinder ab 8 bis 10 Jahren können dagegen zunehmend eigenständig für ihr Tier sorgen. Auch hier liegt jedoch die Verantwortung für die tägliche und ausreichende Pflege der Meerschweinchen immer in den Händen der Eltern.

ANDERE HAUSTIERE

HUNDE UND KATZEN

Meerschweinchen sind Beutetiere, Hunde und Katzen dagegen besitzen einen Jagdtrieb. Daher ist diese Kombination, selbst wenn durchaus Freundschaften entstehen können, stets mit Vorsicht zu genießen. Wenn ein Welpe mit Meerschweinchen aufwächst, lernt er, dass die kleinen Nager zur Familie (also zum Rudel) gehören. Dennoch können herumlaufende Meerschweinchen je nach Hunderasse spontan den Jagdtrieb oder auch einen allzu starken Schutzinstinkt auslösen. Daher sollten Sie Meerschweinchen nie mit Ihrem Hund unbeaufsichtigt lassen, selbst wenn die

Solch ungleiche Freundschaften bleiben eher die Ausnahme.

Meerschweinchen und Kinder: Bei sorgsamer Hinführung kann hier Tierliebe fürs Leben entstehen.

Tiere friedlich unter einem Dach leben und in der Regel gut miteinander auskommen. Bei Katzen greift sowohl der Jagd- als auch der Spieltrieb. Gerne „angeln" sie in einem offenen Käfig oder durch Lücken in der Gehegewand. Besonders Meerchweinchenbabys können in Aussehen und Verhalten allzu mäuseähnlich erscheinen und daher leicht zur Beute von Katzen werden. Bringen Sie die Meerschweinchen außerhalb der Reichweite Ihrer Katze unter und sichern Sie das Gehege vor angelnden Pfoten und dem möglichen Eindringen Ihres Stubentigers.

Bei jeglicher Kombination gilt außerdem: Beobachten Sie genau, wie die Meerschweinchen auf die Anwesenheit von Hunden und Katzen reagieren. Stehen sie unter Stress oder werden sie gar panisch, sollten Sie einen Standort wählen, an dem die Meerschweinchen unter sich bleiben können.

Kaninchen sprechen eine ganz andere Sprache als Meerschweinchen.

KANINCHEN

Meerschweinchen und Kaninchen gehören nicht zusammen – selbst wenn dies manchmal noch immer als „ideale Kombination" angepriesen wird. Beide Arten sprechen unterschiedliche Sprachen, haben ihr jeweils eigenes Sozialverhalten und können die Bedürfnisse der anderen Art nicht befriedigen. Vor allem Meerschweinchen ziehen bei einem Zusammenleben mit Kaninchen oft den Kürzeren: Sie sind kleiner und unterwerfen sich, da sie ohnehin unterlegen sind. Dadurch werden sie zu einem Leben gezwungen, das ihnen ganz und gar nicht entspricht.

Kaninchen kuscheln gern miteinander und putzen sich gegenseitig. Erwachsene Meerschweinchen halten dagegen immer eine gewisse Distanz zueinander und wünschen grundsätzlich keinen körperlichen Kontakt, sei es durch Berührung oder Putzen. Typische Kontaktgesten der Kaninchen werten sie als Übergriff oder Bedrohung – gleichzeitig vereinsamen sie, weil die überwiegend stummen Kaninchen nicht auf ihr Quieken und Brommseln reagieren. Tobt sich ein Kanin-

chen durch Springen und Hakenschlagen aus, kann ein Meerschweinchen dabei leicht verletzt werden. Auch das Geschlechtsverhalten der Kaninchen ist lebensgefährlich für Meerschweinchen; hier kommt es oft zu Rückenverletzungen oder Genickbruch.

In Notstationen müssen Meerschweinchen, die ihr Leben bislang nur mit Kaninchen verbracht haben, resozialisiert werden – was über weitere Monate hin mit Stress und großen Ängsten verbunden ist. Danach aber blühen sie auf: ein klares Zeichen, dass Meerschweinchen auf jeden Fall am liebsten mit Artgenossen zusammenleben.

ANDERE NAGER

Jede Nagerart, ob Meerschweinchen, Hamster, Mäuse, Degus, Chinchillas oder Ratten, hat ihre eigenen Kommunikationsweisen und ihr eigenes Sozialverhalten. In eigenen, voneinander abgegrenzten Käfigen können sie nebeneinander leben. Vergesellschaftungsversuche führen dagegen zu Stress und Verletzungen. Auch in einem großen Auslauf sollten die Tierarten getrennt voneinander bleiben.

VÖGEL

Meerschweinchen haben Angst vor großen Vögeln, da Raubvögel zu ihren natürlichen Feinden gehören. Schrilles Zwitschern und Flattern über dem Kopf gehen Meerschweinchen bestenfalls auf die Nerven, können aber auch Panik auslösen.

Dennoch ist in gewissem Maße eine Gewöhnung möglich, besonders bei ruhigen Meerschweinchen, wenn sie merken, dass die fliegenden Nachbarn ihnen nichts tun. Dies gilt für kleinere Vogelarten wie Kanarienvögel und Wellensittiche. Größere Papageien sollten getrennt gehalten werden, da sie sehr laut sein und die Schweinchen mit ihren scharfen Schnäbeln verletzen können.

MEERSCHWEINCHEN UND URLAUB

Meerschweinchen sind territoriale Tiere, die ihr vertrautes Umfeld brauchen. Sie sollten daher nicht mit in den Urlaub reisen: Allein die Fahrt setzt sie unter großen Stress und kann – vor allem im Sommer – tödlich enden. Tierschutzorganisationen und Notstationen bieten häufig eine Urlaubspflege in der Meerschweinchenpension an, die – basierend auf den realen Kosten für Futter und Einstreu – 2 bis 5 Euro pro Tier und Tag kostet.

Wichtig Lassen Sie Ihre Tiere nicht in andere Gruppen setzen! Dies bedeutet sozialen Stress und kann schlimmstenfalls dazu führen, dass Ihre Tiere sich dauerhaft zerstreiten.

Am liebsten bleiben Meerschweinchen in ihrem eigenen Gehege. Die ideale Lösung ist ein kompetenter Tiersitter, der die Tiere in ihrem gewohnten Zuhause versorgen kann. Auch hier können Sie bei Notstationen anfragen, ob ein solcher Service verfügbar ist. Ein Wochenende dagegen können die Meerschweinchen durchaus auch alleine verbringen. Voraussetzung: Sie müssen mit genügend Futter, Heu und Wasser versorgt sein (lieber eine zusätzliche Wasserflasche montieren).

WAS DER TIERSITTER BRAUCHT
— Kontaktadresse oder Telefonnummer einer kompetenten Ansprechperson vor Ort
— Adresse Ihres Tierarztes
— Checkliste für die Versorgung (gewohntes Futter, Mengen)
— Ausreichende Heu- und Einstreuvorräte, Geld für Frischfutter
— Bei längerem Urlaub: Anleitung für den Gesundheitscheck, zumindest aber für das Wiegen
— Einrichtung eines provisorischen Auslaufs, falls das Gehege nicht unmittelbar mit dem Auslauf verbunden ist

Meerschweinchen bleiben am liebsten zu Hause.

Worauf man bei der Anschaffung achten sollte

Wenn ein Meerschweinchen Sie mit großen Kulleraugen ansieht, ist es meist schon um Sie geschehen: „Bist du mein neuer Mensch?" Eine Anschaffung darf jedoch nicht nur emotional begründet sein. Eine gute Gruppenkombination, das Alter der Tiere, Herkunft und Gesundheitszustand müssen bedacht und geprüft werden.

NICHT ALLEIN

Die Einzelhaltung von Meerschweinchen ist tabu: Sie brauchen mindestens einen Partner und fühlen sich in einer Gruppe am wohlsten. Wird ein Meerschweinchen einzeln gehalten, so kann es zwar eine besonders starke Bindung

Meerschweinchen brauchen mindestens einen Partner.

zu seinem Menschen entwickeln – es hat ja sonst niemanden, mit dem es sein Leben teilen kann. Die vermeintlich enge Beziehung täuscht jedoch: Das Meerschweinchen verkümmert, da es – selbst wenn sein Mensch sich täglich einige Stunden Zeit nimmt – den größten Teil des Tages allein verbringt. Und so sehr der Mensch auf sein Meerschweinchen eingehen mag: Er kann weder seine Sprache sprechen noch sein Bedürfnis nach Artgenossen erfüllen.

Die Haltung zu zweit oder noch besser in einer Gruppe wird der Natur der Meerschweinchen gerecht. Grundregel ist hierbei natürlich, dass die Männchen kastriert sein müssen – sonst hat man im Nu ein Dutzend und mehr Tiere im Gehege (S. 123).

WER KANN MIT WEM?

EIN KASTRAT UND EIN ODER MEHRERE WEIBCHEN

Der „Harem" entspricht der natürlichen Lebensweise von Meerschweinchen. Meerschweinchenanfänger sind am besten mit der Kombination ein Kastrat und ein Weibchen beraten: Die Tiere verstehen sich meist auf Anhieb, und die Gruppe lässt sich problemlos um weitere Weibchen vergrößern. Bei zwei und mehr Weibchen entsteht die ideale Meerschweinchenfamilie: Hier entfaltet sich das reiche Sozialleben der kleinen Nager, und wenn es unter Weibchen zu Streitereien kommt, sorgt der Kastrat für Ordnung.

BOCKGRUPPEN

Auch diese Konstellation gibt es in der Natur: Böckchen, die zu alt oder zu jung sind, um einen Harem um sich versammeln zu können, tun sich zu eigenen Gruppen zusammen. Bei Hausmeerschweinchen hat sich vor allem die Kombination zweier Böckchen bewährt. Voraussetzung ist, dass die Tiere „bockverträglich" sind: Viele Böckchen möchten lieber Chef eines Harems sein. Verstehen sich jedoch zwei Jungs, dann können sie zu einem harmonischen Paar nahezu ranggleicher Tiere heranwachsen. Tatsächlich gibt es sogar auch Böckchen, die keinerlei Interesse an Weibchen zeigen, mit ihrem männlichen Partner aber sogar kuscheln!

Auch größere Bockgruppen können hervorragend funktionieren; allerdings kann es eine Weile dauern, bis man männliche Tiere gefunden hat, die sich gut miteinander vertragen. Es gibt dabei keine feste Regel, ob hier eine gerade oder ungerade Zahl besser ist: Dies hängt jeweils von den Tieren und ihrem Sozialverhalten ab.

Bockgruppen gelten häufig als schwierig und anstrengend. In der Tat kommt es gelegentlich zu Raufereien; vor allem in den „Rappelphasen" (S. 25) kann es hoch hergehen oder auch zum definitiven Bruch zwischen einzelnen Tieren kommen. Verstehen die Tiere sich gut miteinander, sind Bockgruppen harmonisch und bieten viel Abwechslung.

Wichtig sind:
— ausreichend Platz im Gehege, damit die eigenwilligen Jungs ihre Privatsphäre wahren können,

„Wie riecht denn der? Der ist fremd hier!"

„Hey, damit du's gleich weißt: Ich bin hier der Chef!"

— viele Versteckmöglichkeiten, damit rangniedrigere Schweinchen den ranghöheren aus dem Weg gehen können,
— mehrere Futterplätze und viele Kuschelsachen (z.B. Hängematten, Kuschelsäcke),
— und vor allem ein aufmerksamer, erfahrener Halter, der erkennt, ob die Tiere unter Stress stehen und es dauerhafte Unstimmigkeiten gibt.

Für Meerschweinchenanfänger sind Böckchengruppen daher nicht geeignet.

Harmonisches Futtern in der Gruppe: Da ist ein Grashaufen im Nu verschwunden.

Selbst wenn die Böckchen unter sich bleiben, sollten Sie sie kastrieren lassen. Unkastrierte Böcke können frustriert und aggressiv werden, wenn sie ihren Geschlechtstrieb nicht ausleben dürfen. Sollten Sie gezwungen sein, die Tiere zu trennen, kann man kastrierte Böckchen sofort zu Weibchen setzen. Lässt man ein Böckchen dagegen erst kastrieren, wenn es seinen Partner verloren hat, muss es 6 Wochen lang von Weibchen ferngehalten werden – eine schwere Zeit der Einsamkeit, und das nach dem Verlust des Partners.

WEIBCHEN UND WEIBCHEN

Die reine Weibchenhaltung ist nicht zu empfehlen. Meerschweinchenweibchen brauchen einen Leitbock, der im Harem für Ordnung sorgt, die Weibchen schützt und Streitereien schlichtet. Gibt es diesen Anführer nicht,

wird das ranghöchste Weibchen in diese Rolle gezwungen. Das führt zu Dauerstress und Reizbarkeit, die sich im charakteristischen „Zickenverhalten" zwischen Weibchen entlädt. Weibchen, die über Jahre die Rolle eines Böckchens einnehmen mussten, lassen sich außerdem nur schwer mit anderen Tieren vergesellschaften. Auf einen Kastraten reagieren sie aggressiv (da er ihnen als Konkurrent erscheint), andere Weibchen dagegen wollen sie herumkommandieren, wie sie es auch bisher in ihrer Rolle als Leitschwein getan haben. Gerade in Weibchengruppen treten häufiger Krankheiten auf, die durch Stress und die rollenbedingte Veränderung der Hormonausschüttung verursacht werden. So kommen Eierstockzysten bei reiner Weibchenhaltung deutlich häufiger vor als bei Weibchen, die mit einem Bock zusammenleben.

Lebenslust durch das Gehege popcornen. Für Meerschweinchenanfänger sind Babys jedoch nur geeignet, wenn sie zusammen mit einem älteren Tier aufgenommen werden. Babyschweinchen sollten unbedingt mit einem erwachsenen Tier aufwachsen, nicht nur in den ersten Wochen, sondern mindestens in den ersten sechs Monaten ihres Lebens. Wie Kinder lernen sie von den Erwachsenen die grundlegenden Regeln für Sozialverhalten und Kommunikation. Meerschweinchen, die keine Erziehung genießen, müssen sich mit dem knappen Grundwissen, das sie in den ersten Wochen bei ihrer Mutter erlernt haben, durchs Leben schlagen. Die Konsequenz sind Tiere, die im Umgang mit anderen Artgenossen Schwierigkeiten haben und meist keine neue Gesellschaft annehmen können. Stirbt ihr Partner, mit dem sie vom Babyalter an zusammengelebt haben, können sie dessen Tod oft nur schwer verkraften. Und noch ein Risiko: In den Rappelphasen können Babys sich untereinander so sehr zerstreiten, dass sie getrennt werden müssen.

Erwachsene Tiere sind meist schon mit Menschen vertraut und haben ihren Charakter ausgebildet. Dadurch können Sie, bevor Sie sich für den Kauf eines erwachsenen Meerschweinchens entscheiden, gut beurteilen, ob das Tier scheu ist oder sich streicheln lässt. Außerdem wird es sich viel schneller eingewöhnen: Babys brauchen manchmal Monate, bis sie ihrem Menschen vertrauen. Außerdem sind sie so von Bewegungsdrang erfüllt, gleichzeitig aber auch so schreckhaft, dass sie sich für Kinder nicht eignen.

Erwachsene Meerschweinchen schenken uns zudem eine Erfahrung, die bei Tieren keine Selbstverständlichkeit ist: Sogar wenn Sie ein Tier übernehmen, das zuvor schlechte Erfahrungen mit Menschen gemacht hat, wird es – wenn Sie Geduld haben und Rücksicht auf seine Ängste nehmen – Vertrauen zu Ihnen fassen. Häufig entsteht bei diesen Tieren die engste Beziehung zwischen Meerschweinchen und Mensch.

MEHRERE KASTRATEN UND MEHRERE WEIBCHEN

Diese Konstellation funktioniert nur bei sehr großen Gruppen, in denen auf einen Kastraten mindestens fünf Weibchen kommen. Selbst dann kann es Kämpfe um die Gunst der Weibchen geben. Daher ist diese Kombination allenfalls etwas für sehr erfahrene Halter, die Unstimmigkeiten und Stress rasch erkennen können.

BABYSCHWEINCHEN ODER ERWACHSENE?

Meerschweinchenbabys sind einfach bezaubernd: perfekte Miniatur-Schweinchen mit riesigen Augen und Ohren und buntem Fell, die alles neugierig erkunden und vor lauter

WOHER NEHMEN?

NOTSTATIONEN

Zahllose erwachsene Meerschweinchen und auch Babys warten in Tierheimen und Notstationen auf ein neues Zuhause. Die Babys sind dabei häufig das Ergebnis von unkontrollierter Vermehrung, die ehemaligen Besitzern über den Kopf gewachsen ist. Dank Internet können Sie mittlerweile bundesweit Notorganisationen und Pflegestellen in Ihrer Nähe finden (*www.notstation.de*). Der Vorteil ist dabei, dass die Tiere sorgfältig untersucht und im Fall von Krankheit gesundgepflegt worden sind, bevor sie in die Vermittlung kommen. Die Pfleger kennen die Tiere und können Ihnen von deren Charakter und Bedürfnissen – etwa in der Zusammenstellung einer Gruppe – berichten. Grundsätzlich werden von Notorganisationen nur kastrierte Böckchen abgegeben, damit der Teufelskreis der unerwünschten Vermehrung sich nicht fortsetzt. Auch später können Sie sich immer mit Ihren Bitten um Rat und Unterstützung an die Notstation wenden.

ZÜCHTER UND ZOOFACHHANDEL

Wer bestimmte Rassen und typisches Aussehen bevorzugt, kann sich an erfahrene Züchter wenden. Wie bei jedem Kauf, ob von einer Notorganisation, einem Züchter oder aus dem Zoofachhandel, sollten Sie prüfen, ob die Tiere gut gehalten werden, Sie professionelle Beratung erhalten und die Tiere gesund aussehen. Auch in gut geführten Zoofachhandlungen können Sie Meerschweinchen erwerben. Manche Zoofachhandlungen sind auch schon dazu übergegangen, die Vermittlung aus Tierheimen zu unterstützen. Allerdings werden Sie hier kaum etwas über die Herkunft der Tiere erfahren, und fast immer sind nur Babys oder junge Tiere im Angebot, die nicht ohne ein erwachsenes Meerschweinchen aufwachsen sollten. Zudem sind Käufe im Handel mit einem konkreten Risiko verbunden: Allzu häufig werden aus zwei Meerschweinchen plötzlich fünf, weil ein gekauftes Weibchen – und wenn es noch so jung war – schon trächtig ins neue Heim gezogen ist. Das kann Ihnen auch bei den zahllosen Angeboten im Internet passieren.

Auch wenn es zwischen Mensch und Meerschweinchen oft spontan „funkt": Die endgültige Wahl eines oder mehrerer Tiere sollten Sie nicht rein emotional treffen, sondern das Tier anhand der Checkliste sorgfältig auf Gesundheit und Verhalten prüfen.

☞ *Checkliste*

BEIM KAUF BEACHTEN

- ☐ Sind die Tiere in geräumigen, sauberen Gehegen und nach Geschlechtern getrennt untergebracht?
- ☐ Sind sie aufmerksam, lebhaft und neugierig? Bewegen sie sich, ohne zu lahmen oder zu humpeln?
- ☐ Fressen und trinken sie normal?
- ☐ Sind die Augen klar und glänzend, ohne Verkrustungen, Entzündungen oder Schwellungen? Schauen sie aufmerksam und wach umher?
- ☐ Sind auch Nase, Ohren und Lippen sauber, trocken und ohne Verkrustungen?
- ☐ Stehen die Schneidezähne gerade aufeinander?
- ☐ Haben die erwachsenen Tiere einen kompakten, rundlichen und nicht zu mageren Körper? Fühlt sich der Bauch weich an?
- ☐ Ist das Fell dicht und glänzend, ohne kahle Stellen und Parasiten? Kratzt sich das Tier häufig, so ist das ein Alarmsignal.
- ☐ Ist die Afterregion trocken und sauber?
- ☐ Sind die Fußsohlen sauber, trocken und ohne Verletzungen?
- ☐ Sind die Krallen geschnitten?
- ☐ Kann der Verkäufer über alles Auskunft geben und Sie fachgerecht beraten?

„*Bist du mein neuer Mensch?*" – *Manche Meerschweinchen scheinen uns direkt anzusprechen.*

Einzug: Ist ein Meerschweinchen unsicher, putzt es sich erst mal ausgiebig.   *Mit Melone und einem Kumpel ...*

Das neue Zuhause

Wir freuen uns auf die neuen Mitbewohner – für die Meerschweinchen aber beginnt eine Reise ins Ungewisse. Mit der richtigen Ausstattung und etwas Geduld werden sie jedoch bald heimisch.

TRANSPORT INS NEUE HEIM

Für den Transport der Meerschweinchen sollten Sie eine Transportbox in Katzengröße kaufen, die Sie auch für spätere Tierarztbesuche verwenden können. Die Box sollte einen undurchsichtigen Deckel haben und mit einer saugfähigen, möglichst weichen Unterlage ausgestattet sein. Kuschelrollen bieten den Meerschweinchen einen Unterschlupf während der Reise ins Ungewisse. Lassen Sie sich etwas von der Einstreu aus dem Heimatstall mitgeben, damit die Schweinchen den gewohnten Geruch um sich haben.

Schützen Sie die Box auf der Fahrt vor direkter Sonneneinstrahlung, Luftzug und Kälte. Während des Transports bitte nicht öffnen: Die Tiere können leicht in Panik geraten und herausspringen. Wenn Sie die Box zu Hause öffnen, entlassen Sie die Schweinchen direkt in ihr fertig ausgestattetes Gehege.

GRUNDAUSSTATTUNG

Das ausreichend große Gehege (S. 58) muss so eingerichtet sein, dass die neuen Schweinchen erst einmal in einem sicheren Unterschlupf verschwinden und sich langsam akklimati-

... fühlen sich die Tiere schnell heimisch.

sieren können. Die Grundausstattung gibt ihnen das Gefühl von Geborgenheit – eine noch neue, aber ihren Bedürfnissen angepasste Welt, die sie bald erkunden werden.

HÄUSER UND UNTERSTÄNDE

Pro Tier sollte ein Schlafhäuschen vorhanden sein; Alternativen sind Unterstände, die dem Bedürfnis nach Überblick über die Umgebung gerecht werden. Schlafhäuser, die im Handel für Meerschweinchen vertrieben werden, sind meist zu klein und haben nicht genügend Ausgänge. Ein Meerschweinchenhaus sollte eine Seitenlänge und Tiefe von mindestens 35 cm und zwei oder mehr Eingänge haben. So können rangniedere Meerschweinchen dem Chef ausweichen, wenn dieser sich in den Kopf setzt, dass das Haus ab sofort ihm gehört. Häuser und Unterstände sollten aus Holz sein (kein Plastik!) und Flachdächer haben, die von den Meerschweinchen gerne als Aussichtsplattform genutzt werden.
Die dekorativen Fensterlöcher in gekauften Häusern sind leider gefährlich: Ein Meerschweinchen, das in Panik diesen Ausgang nehmen will, kann darin stecken bleiben und

sich schwere Verletzungen zuziehen. Sägen Sie solche Fenster zu einem zusätzlichen Eingang aus oder verwandeln Sie das Haus in einen Unterstand, indem Sie die ganze Front heraussägen. Auch Etagen dienen als beliebter Unterschlupf (S. 57).

HEURAUFE

Heu ist das Grundnahrungsmittel der Meerschweinchen und muss immer in ausreichender Menge zur Verfügung stehen. Raufen verhindern, dass die Schweinchen es sich im Heu gemütlich machen und es dabei verschmutzen. Sie sollten fest stehen und abgedeckt sein, damit die Meerschweinchen keine gefährlichen Kletteraktionen auf sich nehmen. Metallraufen, die am Käfiggitter aufgehängt werden, zwingen die Meerschweinchen zu einer unnatürlichen Haltung mit überstrecktem Kopf, darum sind Bodenraufen vorzuziehen. Am besten sind stabile Raufen aus Holz mit einem Gitterabstand von etwa 3 cm.

FUTTER- UND TRINKNAPF

Diese Näpfe sollten aus schwerer, dadurch standfester Keramik sein und am besten etwas erhöht aufgestellt werden, damit keine Streu oder Köttel hineinfallen.
In Nippelflaschen kann zwar kein Schmutz hineingelangen, sie zwingen aber die Schweinchen zu einer unnatürlichen Kopfhaltung. Nachteile sind auch die Tendenz zum Tropfen und klappernde Stifte; bei Flaschen mit Stempel zum Hochdrücken kann dies umgangen werden.

RÖHREN, TUNNEL, ZWEIGE

Meerschweinchen lieben alles, was einer Höhle ähnelt, und bewegen sich gerne im Schutz von Unterständen, Tunneln und Röhren durch ihr Gehege. Das neue Gehege fühlt sich sicher und heimelig an, wenn sie darin Weidenbrücken, Ton- oder Korkröhren und Hängematten vorfinden. Zweige geben ihnen ein natürliches Blätterdach über dem Kopf und dienen außerdem zum Nagen (S. 67).

SO WÄCHST DIE FREUNDSCHAFT

Wenn Ihre Meerschweinchen im neuen Zuhause ankommen, werden sie erst einmal schüchtern und verängstigt sein: Ab in den Unterschlupf, und dann lassen die Schweinchen sich vorerst nicht mehr blicken.

Das Wichtigste: Lassen Sie ihnen Zeit! Meerschweinchen sind schreckhaft, aber auch neugierig. Und vor allem verfressen: Schon bald wird sich ein Tier hervorwagen, denn es möchte unbedingt wissen, wie seine neue Umgebung aussieht und wo es etwas Gutes zu futtern gibt.

Greifen Sie in diesen ersten Stunden nicht ein, sondern lassen Sie Ihre Schweinchen in Ruhe das Gehege erkunden, den Futternapf aufspüren und sich zum ersten Mal im neuen Zuhause die Bäuche füllen. Bei jedem plötzlichen Geräusch werden die Nager blitzartig in ihrem Häuschen oder einem anderen Unterschlupf verschwinden. In den ersten Tagen müssen sie sich erst einmal an die neue Umgebung gewöhnen und die täglichen Geräusche Ihres Haushalts kennenlernen – dazu gehören auch die individuellen Stimmen der menschlichen Mitbewohner.

Mit der Zeit werden die Schweinchen merken, dass Ihre Stimme und der Geruch Ihrer Hand mit Gutem verbunden sind nämlich mit einer beruhigenden Tonlage und frischem Futter. Das ist der Grundstein für die neue Freundschaft: Jetzt können Sie langsam beginnen, Ihren Meerschweinchen Schritt für Schritt näherzukommen.

Achtung:

Meerschweinchen werden nicht von einem Tag auf den anderen zahm. Bis Ihr Meerschweinchen Ihnen das Futter vertrauensvoll aus der Hand nimmt, können Wochen vergehen, bei Jungtieren sogar einige Monate. Akzeptieren Sie einfach den Abstand, den Ihr

Vorsichtiges Herantasten: Vertrauensaufbau braucht Zeit.

Sicher im Kuschelkörbchen, traut es sich abzubeißen.

Mit der Zeit entsteht ein festes Band zwischen Meerschweinchen und Mensch.

Tier wahren möchte – und freuen Sie sich, wenn er geringer wird, bis ein festes Band des Vertrauens zwischen dem Schweinchen und Ihnen gewachsen ist.

HOCHNEHMEN UND TRAGEN

Kaum ein Meerschweinchen lässt sich gerne hochnehmen, selbst wenn es Ihnen schon längst vertraut: Zu tief sitzt die Urangst vor dem Greifvogel, der es packt und als Beute tötet. Für den regelmäßigen Gesundheitscheck müssen wir unsere Meerschweinchen jedoch hochnehmen. Um den Stress für sie so weit wie möglich zu reduzieren, gibt es einige Hilfsmittel wie Heukörbchen oder Kuschel-

rollen. Wenn Sie das Tier dann hochheben, fassen Sie es unter dem Körper und stützen Sie gleichzeitig seine Beine ab. Tragen Sie es am besten so, dass der Körper auf dem Arm ruht, die Füße an Arm und Brust abgestützt sind und Ihre andere Hand das Schweinchen vor dem Herunterfallen sichert.

002
Zum Film: Richtig hochheben

WIE DAS HOCHNEHMEN LEICHTER WIRD

Vermeiden Sie es, das Meerschweinchen im Gehege zu jagen. Sie können es mit der Hand sanft, aber bestimmt in eine Kuschelrolle, ein Heukörbchen oder ein Haus mit Unterlage dirigieren, um es dann vorsichtig hochzunehmen.

Vergesellschaftung: ein Neuling in der Gruppe

Wollen Sie eine bestehende Gruppe vergrößern oder brauchen Sie einen neuen Gefährten für ein Meerschweinchen, das seinen Partner verloren hat, steht die sogenannte Vergesellschaftung an. In der Wahl ihrer Partner und Gruppenmitglieder können Meerschweinchen recht heikel sein.

Vor allem aber muss bei jedem neuen Mitglied die soziale Ordnung überprüft und das Zusammenleben in der Gruppe neu festgelegt werden. Das ist oft mit Stress und – vor allem bei Böckchen – mit einigen Kämpfen verbunden. Nicht immer wird der Neuling angenommen: Halten Sie sich beim Kauf eines Meerschweinchens darum die Option offen, das Tier zurückgeben zu können.

Beschnuppern: Oft verlaufen Vergesellschaftungen friedlich.

VORBEREITUNG

Wenn Sie die Vergesellschaftung zu Hause durchführen, sollten Sie folgende Punkte beachten:
— Stellen Sie ein provisorisches Klappgehege (S. 58) von ca. 3 bis 4 m² als neutrales Terrain mit frischen Decken und sauberen Einrichtungsgegenständen auf.
— Es sollte genügend Platz zum Ausweichen vorhanden sein.
— Stellen Sie die Einrichtung mit Abstand zur Gehegewand auf, damit die Tiere ausweichen können und keine Ecken entstehen, in die das unterlegene Tier hineingedrängt werden könnte.
— Legen Sie Heu und Frischfutter an verschiedenen Stellen aus.

Im Tierschutz scheiden sich die Geister, ob Häuschen und Unterstände eine Hilfe sind oder den Stress erhöhen, wenn etwa ein dominantes Tier ein Haus für sich beansprucht und kein anderes Schweinchen mehr hineinlässt. Beide Lösungen haben ihre Berechtigung, wichtig ist aber auf jeden Fall, dass alle Häuser mindestens zwei Ausgänge haben.

Das neue Tier darf zuerst das Vergesellschaftungsgehege erkunden, dann werden die Tiere, die vor Ort schon ihre Heimat haben, dazugesetzt.

DURCHFÜHRUNG

Unsere Expertenseite verrät Ihnen, welche Anzeichen es für ein Gelingen oder Scheitern der Vergesellschaftung gibt. Geduld, Ruhe und starke Nerven sind auf jeden Fall gefragt. Aber auch wenn das neue Schweinchen angenommen wurde, ist die Vergesellschaftung noch nicht abgeschlossen. In den folgenden Wochen sollten Sie die Gruppe genau beobachten:

— Wird jemand ausgeschlossen oder gar gemobbt (z. B. ständig vom Futter weggejagt)?
— Kommen alle zum Futter?
— Sitzt jemand überwiegend allein für sich?
— Wird jemand immer wieder gejagt?
— Sind alle gesund, ist ihr Gewicht regulär?
— Liegen die Tiere entspannt im Gehege?
— Hat ein Tier vielleicht sogar Bisswunden und Verletzungen?

Alle diese Zeichen sind Alarmsignale: Wenn es einem Tier eindeutig nicht gut geht, sollte man es aus der Gruppe nehmen und ihm einen neuen Partner geben. Ansonsten wird es dauerhaft unter Stress stehen und schließlich verkümmern.

Zwischen Böckchen können bei der Vergesellschaftung heftige Rangordnungskämpfe ausbrechen.

Wie verläuft eine Vergesellschaftung?
— Aufnahme eines Neulings

Nina Enchelmaier, 1. Vorsitzende der Meerschweinchenhilfe e. V.: „Die Tiere müssen die Vergesellschaftung unter sich ausmachen, der Mensch hat hier nichts zu sagen."

Kein ernster Konflikt, sondern friedliches Gerangel um Gras.

Was passiert, wenn die Tiere zusammenkommen?

Wenn im Vergesellschaftungsgehege Futter angeboten wird, fallen erst einmal alle darüber her. Die Heimatschweinchen registrieren, dass ein Neuling da ist, beschnuppern ihn hinten und vorne und schauen, wie das neue Tier auf die Annäherung reagiert. Ist es dominant veranlagt, dreht es sich um, während rangniedere Schweinchen sich beschnuppern lassen. Manche Weibchen lassen sich nicht so ohne Weiteres von einem Kastraten beriechen: Sie schlagen aus, quieken oder spritzen sogar mit Urin.

Woran erkennt man, ob das neue Schweinchen angenommen wird?

Wenn sich alle gegenseitig beschnuppert und inspiziert haben, ohne dass es zu Aggressionen oder Verfolgungen kommt, nimmt die

„He, dir ist aber klar, dass du als Baby ganz unten in der Rangordnung stehst?"

Vergesellschaftung einen guten Verlauf. Ein Kastrat wird immer sein Gebiet markieren wollen: Er brommselt und versucht, das neue Weibchen mit seinem Duft zu markieren. Sein erstes Ziel ist also, über sie rüberzurutschen – es geht nicht um Paarung, sondern um Duftmarkierung. Die Frage ist, wie zugänglich sich das neue Weibchen für seine Annäherungen zeigt: Wenn er sie direkt am Anfang markieren darf, ist es in den nächsten Tagen auch ruhig. Wenn nicht, wird es noch ein, zwei Tage dauern, bis er endlich zufrieden ist, dass sie nach ihm riecht.

Welche Alarmzeichen gibt es bei einer Vergesellschaftung?

Man merkt sofort, dass die Stimmung bedrohlich wird: Wir haben nicht mehr das typische Gequassel und Gequieke, die Situation ist angespannt, die Schweinchen klappern mit den Zähnen und machen sonst keinen Muckser mehr. Dazu kommt das Verhalten:

Die Tiere machen sich größer, sträuben die Nackenhaare, versteifen die Vorderbeine, während diejenigen, die Angst haben, sich auf den Boden drücken. Die Schweinchen umkreisen sich, und dann kommt es auch mal zum Krach: Die Tiere springen hoch, verkeilen sich ineinander, und wenn sie wieder landen, haben sie Haarbüschel des anderen in der Schnauze.

Wenn es ein einziges Mal einen richtigen Knall gibt, ist das akzeptabel – er kann auch die angestaute Spannung abbauen. Wenn die Tiere danach aber nicht aufhören zu streiten, wird es nichts mit der Vergesellschaftung.

Konflikte in der Vergesellschaftung verlaufen in zwei Richtungen:

1. Der Neuling wehrt sich, die Tiere fangen an zu streiten. Es gibt einen kurzen Knall, danach beruhigen sich die Gemüter.
2. Das Tier, das unterwürfig ist, wird gejagt und stellt sich nicht. Dadurch findet die

01

Jagd kein Ende: Das rangniedere Tier flüchtet, bis es erschöpft ist und sich hinlegt. Dann wird es zwar in Ruhe gelassen, doch nur so lange, bis es sich wieder bewegt. Dann beginnt die Jagd von vorn. Das ist ein fataler Teufelskreis, der tödlich enden kann: Das unterlegene Tier verschließt sich komplett und hört auf zu fressen. Hier muss man die Tiere unbedingt trennen, sonst geht das unterlegene Schweinchen ein.

Was muss man bei Böckchen beachten?

Da gibt es eigentlich keine großen Unterschiede, außer dass Kastraten mehr miteinander kämpfen und Jungs, die sich nicht durchsetzen können, anschließend in der Ecke schmollen. Weibchen dagegen reagieren eher zickig und pöbeln auch noch herum, nachdem der Kastrat sie markiert hat.

Wie lange dauert die Vergesellschaftung?

Nach ein bis zwei Stunden ist klar, ob die Tiere sich vertragen. Anschließend kann man sie ins frisch eingerichtete normale Gehege setzen. Achtung: Das sollte nicht spätabends sein, denn hier geht die Diskussion meist noch einmal los. Wenn es vorher schon kritisch war, muss man beobachten, ob die Tiere endgültig zueinander finden. Zur Sicherheit sollte man die Häuschen aus dem Gehege entfernen.

01 *Diese beiden Schweinchen fordern sich gegenseitig heraus.*

02 *„Wenn du glaubst, dass du mein Versteck kriegst, hast du dich geirrt!"*

03 *Im Notfall hält man aber zusammen: Meerschweinchen erkunden im Gänsemarsch eine neue Umgebung.*

02   03

Insgesamt kann es bis zu zwei Wochen dauern, bis alle mit ihrem Rang einig sind. Dabei kann es durchaus noch einmal zu Diskussionen kommen. Wichtig ist, dass man die Tiere genau beobachtet und eingreift, wenn ein Tier isoliert wird.

Was darf man auf keinen Fall tun?
Die Tiere müssen die Vergesellschaftung unter sich ausmachen, der Mensch hat hier nichts zu sagen. Ganz wichtig: Die Tiere einfach in Ruhe lassen und nur aus der Distanz beobachten. Auf keinen Fall streicheln und trösten: Die Schweinchen müssen sich miteinander beschäftigen.

Wenn bei heftigen Kämpfen ein Eingreifen nötig wird, darf man nicht mit der bloßen Hand ins Gehege fassen: dicke gepolsterte Handschuhe anziehen oder noch besser ein Handtuch über die Streithähne werfen. Bei so heftigen Kämpfen zeichnet sich jedoch auch ab, dass der Neuling nicht angenommen wird.

Dazu ein ganz wichtiger Grundsatz: Einmal getrennt bedeutet für immer getrennt. Setzt man die Tiere nach einer Trennung wieder zusammen, beginnen die Kämpfe erneut, ohne zu einem besseren Ergebnis zu führen. Verstehen sich zwei Tiere nicht, so darf man sie nicht zum Zusammenleben zwingen.

Schweinchenglück

— Wie Meerschweinchen gerne wohnen

Schweinchenvillen und Paradiesgärten

Hell und luftig, sonnig, aber nicht ganz der Sonne ausgesetzt, eine angenehme Temperatur von 18 bis 22 °C und Luftfeuchtigkeit zwischen 40 und 70 %: Meerschweinchen haben eine genaue Vorstellung von gutem Wohnen. Glücklicherweise decken sich viele ihrer Bedürfnisse mit unseren, sodass dem Zusammenleben nichts im Wege steht.

KÄFIGE: BITTE IM DOPPELPACK

Als Standardheim für Meerschweinchen gilt leider noch immer der Käfig; er wird neuen Tierhaltern vom Zoofachhandel empfohlen. Aber weder die Bauart des Käfigs noch seine Größe – selbst bei den größten Modellen von 1,40 m Länge – werden den Bedürfnissen der Meerschweinchen gerecht. Die Grundfläche von Käfigen erreicht fast immer nur das Minimum – was bedeutet, dass die Schweinchen beengt wohnen und ihrem Bedürfnis nach Bewegung kaum nachkommen können.
Die meisten Meerschweinchen brauchen eine Rennstrecke von mindestens 1,80 m. Sie sind außerdem neugierig und möchten sehen, was in ihrem Umfeld vor sich geht. Der hohe Rand der Käfigwanne behindert jedoch ihre Sicht. Und selbst wenn sie auf eine Etage klettern, nehmen sie ihre Umwelt nur durch Gitterstäbe wahr (die auch den Menschen bei der Beobachtung der Tiere stören).
Mit etwas Geschick kann man zwei Käfige verbinden und so die Wohnfläche verdoppeln oder aber einen Käfig mit einem Auslauf kombinieren. Wichtig ist dabei, dass die Meerschweinchen mithilfe von Röhren oder herausgesägten Wänden leicht in den anderen Käfig kommen und sich dadurch auf einer Ebene bewegen können.

EIGENBAUTEN

In der Meerschweinchenhaltung setzt sich zunehmend der Eigenbau durch, der sich als Boden-, Tisch- oder Regalgehege auf jede Wohnung hin maßschneidern lässt.

Geborgen unter der Hängematte: Sauwohl fühlen!

Großes Gehege, Häuschen mit mehreren Eingängen, Kuschelsachen – hier darf man Schwein sein.

Im Internet finden sich dazu viele hilfreiche Bastelanleitungen (siehe S. 119). Außerdem werden über Kleinanzeigen häufig Second-Hand-Gehege angeboten, die man leicht an die eigenen Bedürfnisse anpassen kann. Eigenbauten lassen sich auf eine Platte mit Stützen oder auf einen Tisch montieren, sodass die Schweinchen einigermaßen auf Augenhöhe mit ihren Menschen leben (hier sollten die Seitenwände ca. 25 cm hoch sein). Aber auch Bodengehege sind eine gute Lösung, vor allem, wenn sie nahtlos in den Freilauf übergehen (S. 69). Für Wohnungen mit wenig Platz wurden Regalgehege entwickelt, die den Meerschweinchen viel Lebensraum auf mehreren Etagen bieten.

Tipp **Plastik gut verstecken!**
Manche Meerschweinchen sind geradezu plastiksüchtig. Darum im Eigenbau Klebeband und andere Plastikpartien gut abdecken, z. B. durch eine Holzleiste.

ETAGEN UND RAMPEN

Mit Etagen kann man die Wohnfläche gut vergrößern. Damit Meerschweinchen sie als Wohnraum akzeptieren, müssen sie mindestens 50 cm tief und 1 m breit sein. Etagen, die in einer Höhe von 20 bis 25 cm angebracht sind, dienen gleichzeitig als Unterschlupf auf der Grundebene.

Wichtig ist, dass die Rampen, die von der Bodenfläche hochführen, breit genug (mindestens 15 cm) und nicht zu steil sind (eine Steigung im Winkel von höchstens 45 Grad). Wird eine Rampe zu steil, können Sie eine Zwischenplattform einbauen (z. B. das Dach eines Unterstands auf der Bodenebene), von der aus eine weitere Rampe in flacherem Winkel nach oben führt. Verläuft die Rampe an der hinteren Wand, fühlt sich das Meerschweinchen beim Hochlaufen sicherer.

In Käfigen können Sie leicht eine Etage einbauen, indem Sie eine Platte aus Sperr- oder Massivholz zwischen die Gitterstreben einpassen oder mit Schrauben am Gitter befestigen. Im Eigenbau versehen Sie die Platte einfach mit vier Beinen und stellen sie wie einen kleinen Tisch an die Gehegewand. Allerdings werden Etagen nicht von allen Meerschweinchen angenommen: Die Tiere bewegen sich grundsätzlich lieber auf einer großen Bodenfläche, und vor allem älteren Meerschweinchen fällt das Klettern schwer.

Klappgehege: Ein fantasievoll gestalteter Freilauf!

Grobflockige Holzspan-Einstreu ist am besten ...

GEHEGEFLÄCHE

Die Tiefe des Geheges sollte, damit es sich gut reinigen lässt, maximal 1 m betragen, die Höhe jeder Etage mindestens 20 cm. Für die Grundfläche (ohne Etagen) gilt die Daumenregel, dass bei einer Dreiergruppe für jedes Tier mindestens 0,5 m² vorhanden sein sollten. Für jedes weitere Tier sollte man weitere 0,3 m², besser noch 0,5 m² einrechnen. Haben die Tiere keinen dauerhaften Zugang zu einem Auslauf, sollte das Gehege ca. 1 m² Grundfläche für jedes Schweinchen bieten. Bitte beachten Sie: 1 bis 2 m² mehr oder weniger machen für Ihren Lebensraum in der Wohnung oft kaum einen Unterschied – für Ihre Meerschweinchen bedeuten sie jedoch Welten an Lebensqualität.

KLAPP- ODER KLEBEGEHEGE

Günstig, leicht zu bauen und flexibel: Ein Klappgehege hat viele Vorteile. Selbst wenn Ihre Meerschweinchen in einem Käfig leben, können Sie ihnen mithilfe des Klappgeheges im Nu einen großen Auslauf bieten. Wenn es sicher fixiert wird, kann es auch zur Umrandung eines dauerhaften Bodengeheges dienen und ist beliebig erweiterbar.

Sie brauchen:
— Plexiglasplatten (Bastlerglas), 25 × 50 cm, 4 mm dick
— einige dünne Sperrholz- oder dunkle Plastikplatten, 25 × 50 cm oder 40 × 50 cm, 4 mm dick
— Gewebeklebeband

Verbinden Sie die Platten an der schmalen Seite mit dem Gewebeklebeband. Damit sie gegeneinander beweglich sind oder auch zusammengeklappt werden können, lassen Sie zwischen den Platten unter dem Klebeband jeweils einen kleinen Zwischenraum von 4–5 mm. Soll das Gehege noch einen Ausstieg in einen erweiterten Auslauf bieten, verbinden Sie ein Plattenelement einfach mit Klettband statt Klebeband.
Sie können nun die Platten auf dem Fußboden variabel um den Käfig anordnen (hier sind Rampen nötig, damit die Meerschweinchen aus der Plastikwanne ins Gehege kommen können). Die dunklen Platten kommen dabei an die Rückwand und an die Seiten, damit die Meerschweinchen einen Sichtschutz haben. Höhere Platten dienen als Schutz vor Urinspritzern.

... *für empfindliche Meerschweinnasen geeignet.*

EINSTREU

Die richtige Einstreu ist entscheidend, damit Ihre Meerschweinchen sich in ihrem Heim wohlfühlen. Sie bietet einen weichen Untergrund zum Schlafen und Laufen und saugt den Urin auf. Allerdings sind nicht alle Sorten im Handel für Meerschweinchen geeignet:

Ungeeignet und gefährlich für Meerschweinchen sind:
- **Sägemehl vom Schreiner**
- **Katzenstreu (Sauggranulat)**
- **parfümierte Einstreusorten**

Empfehlenswert ist eine Einstreuschicht von etwa 5 cm, darüber eine dicke Heuschicht, in der die Schweinchen wühlen und sich Heunester bauen können. Heu ersetzt jedoch nicht die Einstreu, da es den Urin nicht aufsaugt, sondern nach unten ableitet.

Legen Sie unter das Gehege eine Teichfolie oder eine Wachstischdecke, die Sie mit normaler Einstreu oder mit Fleecetüchern (S. 60) bedecken. Eine Aufstellung über Eck und Stützen geben den Seitenwänden Stabilität.

👉 EINSTREUARTEN

EINSTREUART	BEURTEILUNG
Holzspan	Standardeinstreu, gut geeignet, vor allem die grobflockige Einstreu, die für Pferde angeboten wird (staubarm)
Hanf- und Leinstreu	Für Stauballergiker geeignet, saugt aber Feuchtigkeit (Urin) langsamer auf, bindet Gerüche sehr gut
Stroh- oder Holzpellets	Nicht als Alleinstreu geeignet: scharfkantig und unangenehm (bis gefährlich) für Meerschweinchenfüße, dürfen daher nur mit einer dicken Überstreu aus Holzspan oder Heu verwendet werden Achtung: Die Meerschweinchen dürfen die Strohpellets nicht fressen, da sonst eine lebensgefährliche Verstopfung droht!
Rindenmulch	Nur für die Außenhaltung geeignet, saugt jedoch schlecht und ist für Meerschweinchenfüße zu hart, daher nur mit Überstreu aus Holzspan oder Heu

Für Langhaarmeerschweinchen hat Fleece den Vorteil, dass keine Einstreu im Fell hängen bleibt.

FLEECEHALTUNG

Die Haltung auf Fleecedecken bietet besonders für die Innenhaltung und in Stadtwohnungen eine gute, staubarme Alternative zur Einstreu-Heu-Kombination. Beim Ausmisten fällt viel weniger Abfall an, die Decken lassen sich gut waschen und trocknen sehr schnell, insgesamt ist es im Gehege sauberer. Meerschweinchen, die gerne rennen, finden guten Halt beim Durchstarten. Der einzige Minuspunkt ist das fehlende Heu zum Wühlen und Wuseln – aber auch dem lässt sich abhelfen.

Für die Fleecehaltung brauchen Sie:
— Teichfolie oder Wachstuch als Schutzunterlage
— alte Zeitungen (Nachbarn und Freunde geben ihr Altpapier meist gerne ab)
— 4 Fleecedecken: 2 pro Gehege, ein doppelter Satz, damit man beim Saubermachen gleich frische Decken einlegen kann
— Heukörbchen, eine Wühlkiste oder andere Heu-Wohn-Kombinationen
— eventuell Hanf- oder Fleecepads für Lieblingsecken
— 1 Handstaubsauger und/oder Gummibesen

Legen Sie auf der Teichfolie eine dicke Schicht Zeitungen aus (ca. 0,5 cm), darüber die Fleecedecken (bei dünnem Stoff doppelt legen). Dann können Sie die Wohnlandschaft darauf aufbauen. Auf dem Fleece sind die Schweinchenköttel gut sichtbar: Sie lassen sich einfach mit einem Handstaubsauger entfernen, gegebenenfalls reinigen Sie das gesamte Gehege mit einem Gummibesen.

Empfehlenswert ist die tägliche Entfernung der „Hinterlassenschaften"; je nach Anzahl der Meerschweinchen sollte die Fleecegarnitur einmal wöchentlich oder alle fünf Tage ausgewechselt werden. Erfahrungsgemäß lassen sich die Decken im Schnellwaschgang gut reinigen und trocknen sehr schnell. In Lieblingsecken oder unter Lieblingshäuschen sollten Sie ein Heukörbchen oder Hanfpads legen und diese täglich austauschen.

Dem Wühl- und Wuselbedürfnis der Meerschweinchen können Sie entgegenkommen, indem Sie Häuser und Unterstände mit flachen Heukörbchen unterpolstern oder auch eine größere Wühlkiste ins Gehege stellen.

Für die Hygiene ist wichtig, dass die Fleecedecken mit saugfähigem Material unterlegt sind (Zeitungspapier oder Moltondecken) und regelmäßig gewechselt werden. Ebenso treten sich die Schweinchen an den Füßen und Krallen häufig Köttel fest, weil sie auf Fleece eine festere Unterlage haben als bei Einstreu. Daher müssen die Füße beim wöchentlichen Gesundheitscheck vorsichtig mit einem feuchten Tuch gereinigt werden.

Tipp Schweinewäsche
Fleecedecken und Kuschelsachen waschen Sie am besten in einem Kissen- oder Bettbezug, der sich mit einem Reißverschluss verschließen lässt. So gelangen nur wenige Meerschweinchenhaare in Ihre Waschmaschine. Verwenden Sie keine parfümierten Waschmittel!

HEUKÖRBCHEN
Dafür brauchen Sie:
— flache, möglichst unbedruckte Pappkartons (ab einem Rand von 8 cm Höhe Einstiegslöcher ausschneiden)
— Zeitung
— Einstreu
— Heu (gerne auch übrig gebliebenes Heu aus der Heuraufe)

Kleiden Sie den Karton mit Zeitung aus und füllen Sie ihn mit je einer Lage Einstreu und Heu. Die Schweinchen lieben die frischen Körbchen: Hier liegen sie weich und können außerdem nach leckeren Heuhalmen wühlen.

WÜHLKISTE
Die Wühlkiste wird genau so wie ein Heukörbchen hergestellt, allerdings brauchen Sie hier einen großen Karton, in den Sie auf mehreren oder allen Seiten ausreichend große Einstiegslöcher schneiden. Füllen Sie ihn reichlich mit Heu: Die Meerschweinchen lieben es, sich darin einzuwühlen und Heunester zu bauen. Ist der Karton groß genug, so finden mehrere Schweinchen darin Platz. Wichtig sind die Ausgänge an mehreren Seiten, falls es zu Meinungsverschiedenheiten kommt.

Wühlkiste mit Unterschlupf: Ein Heukarton sorgt für beliebte Abwechslung im Gehege.

Innenarchitektur für Meerschweinchen

Damit Meerschweinchen sich in ihrem Gehege sicher und heimelig fühlen, muss die Grundfläche sinnvoll strukturiert sein. Unterschlüpfe und Tunnel dagegen bieten den Tieren das notwendige Dach über dem Kopf. Dabei sollte die Einrichtung so angeordnet sein, dass die Meerschweinchen ohne Hindernisse durchstarten können und gut aneinander vorbeikommen.

STRUKTUR

Grundsätzlich sollte jedes Gehege seine festen Ruhe- und Wuselbereiche haben. Hinten im Gehege – mit der sicheren Wand im Rücken – können Sie dämmrige Ruheplätze anordnen, die idealerweise miteinander verbunden sind, zum Beispiel mit Durchschlüpfen oder auch ganz ohne Trennwand. Hierfür sind große Häuser, Unterstände oder auch Etagen geeignet, unter die sich Meerschweinchen gerne zurückziehen. Heukörbchen und weiche Unterlagen erhöhen die Beliebtheit dieser Ruheorte.

Vorne ist Platz zum Wuseln, Wühlen, zur Futtersuche und zum Auslauf. Hier sollten genügend freie Strecken vorhanden sein, damit die Meerschweinchen ohne Hindernisse ihren Bewegungsdrang ausleben können. Gleichzeitig geben Tunnel, Weidenbrücken und Unterstände ein Gefühl der Sicherheit: Auch im freien Bereich gibt es immer Orte, an denen die Tiere Schutz suchen können. Einige dieser Elemente sollten Sie als feste Zufluchtsorte beibehalten, andere können gelegentlich umgestellt werden:

Meerschweinchen lieben Abwechslung und werden jeden umgestellten Einrichtungsgegenstand mit großer Neugier untersuchen. Wohnen Ihre Meerschweinchen in einem Käfig, so ist der Käfig der Ruheort und der Auslauf der Bereich zum Wuseln; Futter kann in beiden Bereichen angeboten werden.

Futternäpfe und Heuraufen sind der „Dorfplatz", an dem man sich regelmäßig trifft. Einige Maßnahmen verhindern, dass rangniedere Schweinchen notorisch zu kurz kommen:

1. Der Futterplatz sollte groß genug sein, sodass Ihre Schweinegruppe sich ohne Konkurrenzgehabe um das Futter versammeln kann.

2. Bieten Sie zusätzliche Futterstellen. Bei Gruppen ab drei Tieren sollte eine zweite Heuraufe vorhanden sein, und das Frischfutter sollte an mindestens zwei Stellen ausliegen. Außerdem sollten mehrere Trinknäpfe zur Verfügung stehen.

3. Legen Sie auch an den Ruheplätzen Heukörbchen oder kleine Heuberge aus. Die Schweinchen lieben es, fast schon im Schlaf am Heu zu knabbern.

RENNSTRECKE UND RUNDLAUF

Viele Meerschweinchen haben zwei- bis dreimal am Tag ihre „fünf Minuten", in denen sie in hohem Tempo durch das Gehege sausen und ihrer Bewegungsfreude freien Lauf lassen. Wann das passiert, ist nicht absehbar – umso wichtiger ist es für ein glückliches Schweineleben, dass rund um die Uhr genügend Platz für solche Ausbrüche von Lebensfreude vorhanden ist.

Als Daumenregel gilt, dass jedes Gehege eine hindernisfreie Rennstrecke von mindestens 1,80 m haben sollte. In kleineren Gehegen können Sie durch geschickte Strukturierung einen Rundlauf schaffen, der den Meerschweinchen in ähnlicher Weise freie Bahn lässt: Wahren Sie einen Abstand von ca. 30 cm zwischen Einrichtungsgegenständen und Gehegerand. Gelegentlich können Sie auch einen Unterstand oder eine Röhre in diesen „Korridor" stellen; wichtig ist, dass ein Meerschweinchen beim Laufen gut hindurchkommt. Ordnen Sie die übrige Einrichtung insgesamt so an, dass die Schweinchen eine große Runde drehen können, ohne dabei zu viele Haken schlagen zu müssen.

Dorfplatz, Ruhebereich, Unterstände, Tunnel und Platz zum Rennen: Ein Paradies für Meerschweinchen

☞ ACHTUNG: STRESSFALLEN!

DAS ERZEUGT STRESS	SO KÖNNEN SIE ABHILFE SCHAFFEN
Häuser mit einem einzigen Eingang	— zusätzliche Eingänge hineinsägen — eine Wand heraussägen
Häuser, in die nur ein Schweinchen passt	— zwei Wände aussägen: So wird es zum Unterstand, unter dem ein Schweinchen gerne liegt, aber nicht eingeengt ist.
schmale Etagen, nur ein Zugang	— Minimum einer Etagenbreite: 50 cm — einen zweiten Zugang schaffen
Sackgassen und Engstellen	— stets auf zwei Ausgänge achten — Durch einen Tunnel in der Engstelle zwei getrennte Passagen schaffen: So kommen zwei Schweinchen ohne Körperkontakt aneinander vorbei.

EINRICHTUNG

Unterschlupf, Heuraufe, Futter- und Trinknapf: Mit einer solchen Grundeinrichtung sind Meerschweinchen zufrieden. Darüber hinaus gibt es viele Möglichkeiten, das Gehege zu einem Lebensraum zu machen, der den Bedürfnissen und Vorlieben von Meerschweinchen entspricht.

HÄUSER UND UNTERSCHLUPFE

Meerschweinchenhäuser müssen nicht immer nur viereckig sein. Die drei Hauptkriterien – groß genug, zwei Ausgänge, keine gefährlichen Fenster – lassen eine große Bandbreite an Unterschlupfen zu, in denen Meerschweinchen sich „sauwohl" fühlen.

Besonders beliebt scheinen Häuser mit Schrägdach und halb offener Seite zu sein. Sie sind in Meerschweinchengehegen fast immer besetzt und haben außerdem den großen Vorteil, gleichzeitig als Rampe auf eine höhere Ebene zu dienen. Aber auch ganz simple Unterstände – ein Brett auf vier Pfosten – und Weidenbrücken werden gerne angenommen.

Manche Meerschweinchen basteln sich ihre Lieblingsunterschlupfe selbst. Aus einem Eckhaus mit zwei Mini-Rampen, das gerade mal für Meerschweinchenbabys geeignet war, haben die Meerschweinchen nach kurzer Zeit die Rampen herausgedrückt. Seitdem ist es ein Eck-Unterstand mit drei Öffnungen, zwar gerade nur für ein Schwein geeignet, aber offenbar ideal für das Meerschweinchenbedürfnis nach Rundblick und gleichzeitiger Anlehnung an eine sichere Wand. Unkonventionelle Ideen und einschlägige Erfahrungen mit Meerschweinchenarchitektur finden Sie unter *www.sifle.de* („Schöner Wohnen").

TUNNEL UND RÖHREN

Wo ein Tunnel ist, da muss schwein durch: Das ist eine Hauptregel im Meerschweinchen-Universum. Tunnel und Röhren üben eine unwiderstehliche Anziehungskraft auf Meerschweinchen aus. Beliebt sind auch Tunnelsysteme: Stellen Sie einfach einige Tunnel und Unterstände in eine Reihe – oder noch besser: Bauen Sie Verzweigungen ein.

003

Zum Film:
Häuschen
bauen

Sie werden große Freude daran haben, wie Ihre Schweinegruppe nach und nach durch das ganze System wuselt – und sobald sie hinten herausgekommen sind, geht's vorne wieder hinein, und dann am besten noch einmal ... Wichtig sind bei Tunneln und Röhren Durchmesser und Material. Der Durchmesser sollte mindestens 15 cm betragen, ansonsten werden ausgewachsene Meerschweinchen ihn ignorieren. Plastik ist tabu, denn hier finden Schweinepfoten keinen Halt, außerdem fehlt es an einer guten Durchlüftung. Am besten haben sich Röhren aus Kork oder Ton bewährt. Spiel- und Kuscheltunnel aus verschiedenen Textilarten sind zwar beliebt, werden aber rasch platt getreten und liegen dann nur noch als Hindernis im Gehege.

01 Beschauliches Schweineleben: Häuschen sollen Sicherheit bieten, aber auch Aussicht über das Gehege.

02 Der Traum eines jeden Meerschweinchens: Ein Berg Gras und ein Dach über dem Kopf

03 Ein beliebter Unterschlupf: Kork- und Rindenröhren ...

04 ... aber auch enge Tunnel müssen unbedingt erkundet werden.

01

KUSCHELSACHEN

Meerschweinchen kuscheln zwar nicht miteinander und erst recht nicht gern mit ihrem Menschen – aber was die Unterlage angeht, so können sie es gar nicht weich genug haben. Meerschweinchenfreunde haben mittlerweile ein großes Sortiment an Kuschelsachen entwickelt, die bei den kleinen Nagern höchst beliebt sind: Kuscheltunnel, -säcke, -höhlen, -würfel und -zelte, Kuschelsofas und Kuschelkissen. Vieles davon lässt sich leicht selbst nähen (einfache Anleitungen finden Sie auf *www.spikeskleinewelt.de*). Wichtig ist bei allen Varianten:

— Eingänge und Innenraum müssen ausreichend groß sein;
— der Stoff muss ausreichend dick und steif sein, damit er nicht in sich zusammenfällt;
— der Stoff muss saugfähig sein und rasch trocknen (z. B. Fleece, nicht Baumwolle oder Leinen);
— Schlaufen, Haken und Ösen dürfen keine Gefahr für Meerschweinchenpfoten und -krallen darstellen.

Manche Meerschweinchen lieben Kuschelsäcke und -höhlen, anderen sind diese weichen Schlafstätten mit nur einem Eingang unheimlich. Diese Schweinchen finden dann meist ihre eigene Lösung: Ein Kuschelzelt, das man einfach platt liegt, ist doppelt so weich.

HÄNGEMATTEN

Die Hängematte ist der große Favorit im Meerschweinchengehege. Hängematten sind für Meerschweinchen wie geschaffen: Sie passen sich ideal der Form des ruhenden Schweinchens an und bieten ihm das Gefühl,

02

gestützt und geborgen zu sein. Wichtig ist dabei allerdings, dass die Hängematte unter einem schützenden Dach angebracht ist. Hängematten können leicht selbst gebastelt werden und sind besonders für Käfige geeignet: Ein passendes Stück Stoff kann mit Klammern oder Karabinerhaken über eine ganze Käfigseite gespannt werden und bietet dann sowohl eine Hängematte als auch einen geräumigen Unterstand darunter.

Da die Schweinchen ihren geliebten Ruheplatz nur ungern verlassen, um sich zu erleichtern, sollten Hängematten aus geeignetem Stoff bestehen und regelmäßig gewaschen werden. Ungünstig sind Baumwollstoffe, die nur lang-

sam trocknen, und tabu ist Frotteestoff, an dessen Schlaufen die Schweinchen mit ihren Krallen hängen bleiben können. Am besten hat sich dicker Fleecestoff bewährt, der – nach Schweinevotum – offenbar auch die beste Kuschelqualität hat.

ZWEIGE UND BLÄTTERDÄCHER

Unter einem Blätterdach lässt sich gut Schwein sein: Zweige von Laub- und Nadelbäumen sind sehr beliebt zum Wuseln, Nagen und Ausruhen. Wenn Sie die Zweige zu Unterschlupfen anordnen, werden die Schweinchen hier gerne Zuflucht suchen – und nebenbei ein bisschen daran knabbern.

Tatsächlich sind Zweige für Nagezähne unabdingbar: Durch das Knabbern an Rinde, Blättern und kleinen Ästen werden die Zähne abgerieben und das Zahnfleisch massiert, außerdem enthält dieses Futter viele gesunde Nährstoffe. Achten Sie jedoch sorgfältig darauf, dass die Schweinchen nur Zweige und Blätter bekommen, die sie vertragen (eine ausführliche Auflistung finden Sie auf *http://www.diebrain.de/Iext-vitamine.html*).

03

04

01 Überdachte Hängematte: Ein Favorit in jedem Meerschweinchengehege

02 Zweige und Blätterdächer: Versteck und Knabbermöglichkeit in einem

03 Warm und geborgen: Das Kuschelzelt

04 Schweinchen knabbern gern an Zweigen.

UNVERTRÄGLICHE ODER GIFTIGE ZWEIGE

Buchsbaum, Berg- und Kirschlorbeer, Blauregen, Efeu, Eibe, Eiche, Essigbaum, Geißblattgewächse, Ginster, Goldregen, Hartriegel, Heckenkirsche, Holunder, Ilex, Kastanie, Lebensbaum, Liguster, Oleander, Sadebaum, Schneebeere, Seidelbast, Sommerflieder, Thuja, Wacholder und Zypresse.

GEFÄHRLICHE EINRICHTUNGS-GEGENSTÄNDE

Leider werden im Zoohandel vielerlei Einrichtungsgegenstände angeboten, die gefährlich für Meerschweinchen sind oder sogar gegen den Tierschutz verstoßen. Hier sind einige, die Sie Ihren Tieren auf keinen Fall zumuten sollten:

— Heuraufen, die zusammenklappen können (dazu gehören auch umfunktionierte Geschirrabtrocknungsgitter)

— Heunester, Heuhäuser und Heuröhren, unter denen sich ein Drahtgeflecht verbirgt: Verletzungsgefahr, wenn das Heu weggenagt ist!

— Plastikhäuser und Plastikröhren: schlechte Luftzirkulation, Hitzestau, oft zu eng, kein Halt für Meerschweinchenkrallen

— Gitteretagen und Gitterraufen, die in den Boden eingelassen sind: sehr gefährlich für Meerschweinchenfüße (Gefahr des Hängenbleibens)

— Laufräder und Joggingbälle: für Meerschweinchen gänzlich ungeeignet

— Futterball aus Metallgitter: Das Schweinchen kann sich mit dem Kopf darin verfangen und sich nicht selbst befreien.

— Heunetze, Seile, Schnüre: Die Tiere können sich mit dem Kopf oder den Gliedmaßen darin verfangen und einschnüren, Befreiungsversuche führen zur Strangulierung oder zu Zerrungen.

— Leinen und Geschirre: Ein Spaziergang an der Leine bedeutet für Meerschweinchen eine doppelte Qual. Sie werden gezwungen, sich auf unsicherem Terrain außerhalb ih-

Freilauf gerne, aber sicher! Ohne Gehege dürfen sich Meerschwinchen nur unter Aufsicht frei bewegen.

res vertrauten Geheges zu bewegen, gleichzeitig hindert die Leine sie daran, ihrem Fluchtinstinkt zu folgen. Meerschweinchen sind eben keine Hunde …

FREILAUF

Wenn der ständige Lebensraum der Meerschweinchen ein Käfig oder ein Eigenbau ist, der keine Rennstrecke von 1,80 m bietet, brauchen die Meerschweinchen einen Freilauf. Dieser sollte ihnen rund um die Uhr zur Verfügung stehen, da die Meerschweinchen ihre „fünf Minuten" zu unterschiedlichen Zeiten und oft auch nachts oder in der Morgendämmerung haben. Außerdem bleiben sie lebhafter und gesünder, wenn sie zu jeder Zeit ihre Neugier und ihren Bewegungsdrang ausleben können.

Lassen Ihre Lebensumstände aber nur einen stundenweisen Freilauf zu, können Sie mit einem Klappgehege rasch einen großen Auslauf mit vielen interessanten Verstecken (Tunnel, Röhren, Weidenbrücken, Kuschelsachen) aufbauen, der sich leicht wieder entfernen lässt.

Freilauf schnell gemacht
Sie brauchen:
— Teichfolie
— 2 Fleecedecken oder Hanfmatten
— 1 Klappgehege
— Grundeinrichtung und zusätzliche Verstecke

GEFAHREN BEIM FREILAUF
— Fliesen, Steinfußböden und Parkett bieten Meerschweinpfoten keinen Halt; in den Schlingen von Hochflorteppichen können die Tiere mit ihren Krallen hängen bleiben. Legen Sie den Auslauf mit Fleecedecken oder Hanfmatten aus, die sich auch rasch wieder entfernen lassen.
— Elektrokabel verleiten Meerschweinchen zum Nagen. Decken Sie sie sicher ab oder verlegen Sie sie außer Reichweite der Tiere.

— Achten Sie darauf, dass die Meerschweinchen nicht an Teppichkanten, Tapeten, Sperrholzplatten oder lackierten Möbeln knabbern können.
— Entfernen Sie Kinderspielzeug.
— Schließen Sie alle Schranktüren und Schubladen. Zimmertüren müssen mit Vorsicht geöffnet und geschlossen werden.
— Warnen Sie alle Mitbewohner: Meerschweinchen können beim Freilauf leicht unter Menschenfüße geraten. Tragen Sie in einem Zimmer mit frei laufenden Meerschweinchen keine festen Schuhe.
— Halten Sie Zimmerpflanzen und Blumenvasen außer Reichweite der Meerschweinchen. Viele Zimmerpflanzen sind giftig oder unbekömmlich für die Tiere. Auch das Wasser in Blumenvasen kann ihnen schaden, außerdem können neugierige Schweinchen rasch eine Vase umkippen und sich dabei verletzen.
— Haushaltsreiniger und andere Putzmittel müssen – wie auch alle chemischen und giftigen Substanzen – unbedingt außer Reichweite der Meerschweinchen aufbewahrt werden.
— Lassen Sie Meerschweinchen während des Freilaufs niemals mit anderen Tieren allein.

Freilauf? Manche bleiben erst mal in der sicheren Box.

Terrasse, Garten, Büsche: Mit einem einfachen Klappgehege entsteht ein vielseitiges Gartenparadies.

SOMMERFRISCHE IM GARTEN

Meerschweinchen lieben frische Luft und ein nicht zu heißes Sonnenbad. Wenn dann auch noch der Untergrund essbar ist und nach Gras und frischen Kräutern schmeckt, fühlen sie sich wie im Paradies. Damit Ihre Schweinchen in den Sommermonaten viel Sonne und Kraft tanken können, sollten Sie im Garten ein sicheres Gehege für den täglichen Freilauf im Grünen einrichten.

— Ungedüngte, ungespritzte Wiesen sind ideal für ein Sommergehege. Achten Sie darauf, dass innerhalb der Umzäunung keine giftigen Pflanzen wachsen (S. 67 und 72), in unmittelbarer Nachbarschaft nicht gespritzt wird und keine Ameisenstraßen das Gehege durchkreuzen.

— Pralle Sonne kann für Meerschweinchen tödlich sein. Sorgen Sie unbedingt dafür, dass stets ausreichend Schatten im Gehege ist (Vorsicht: Die Sonne wandert!) und die Meerschweinchen sich unter Sonnensegel und in Unterstände zurückziehen können.

Auch ein Regenschutz sollte vorhanden sein. An heißen Tagen sollten Sie den Tieren zusätzliche Wasserflaschen oder Wassernäpfe zur Verfügung stellen.

— Wie im Außengehege (S. 72) muss die Umzäunung fest verankert und vor Eindringlingen gesichert sein. Hunde und Katzen können Meerschweinchen in Angst und Schrecken versetzen; ein engmaschiger Zaun und ein Sichtschutz sind hier sinnvoll. Damit Ihre Tiere im Sommerfreilauf auch unbeaufsichtigt sicher sind, sollte das Gehege mit einem stabilen Netz abgedeckt sein.

— Für das Sommergehege und seine Einrichtung gelten die gleichen Größenanforderungen wie für das Innengehege. Im Handel erhältliche Klappgehege sind meist zu klein; hier müssen mehrere Gehege aneinandergebaut und fest verankert werden. Vorsicht vor Lücken: Meerschweinchen können sich durch schmale Zwischenräume quetschen, wenn ihr Entdeckerdrang geweckt ist.

— Keine Experimente: Lassen Sie Ihre Meerschweinchen niemals außerhalb des Geheges im Garten laufen! Meerschweinchen, die in Panik geraten, sind im Nu in einer Hecke verschwunden und finden nicht mehr zurück. Erklären Sie auch Ihren Kindern, dass sie die Schweinchen gefährden, wenn sie außerhalb des Geheges mit ihnen spielen.

— Achtung: Die meisten Erkältungskrankheiten treten bei Meerschweinchen auf, die zu früh in den Sommerfreilauf gelassen wurden. Meerschweinchen aus Innenhaltung sollten erst in den Gartenfreilauf, wenn eine stabile Außentemperatur von mindestens 18 °C (auch am Boden) herrscht. Der Boden im Gartenfreilauf muss trocken und vor Zugluft geschützt sein.

BALKONGEHEGE

Unter günstigen Bedingungen können Meerschweinchen im Sommerhalbjahr oder sogar auch ganzjährig auf dem Balkon wohnen. Folgendes ist zu beachten:

— Der Balkon darf weder zu heiß noch zugig sein. Vorsicht vor Hitzestau bei Süd- oder Südwestlage!

— Ein Boden aus Beton, Fliesen oder Kacheln muss gut isoliert und mit Tüchern und Einstreu bedeckt werden.

— Schlitze und andere Öffnungen unter der Brüstung werden gut abgedichtet.

— Das Gehege gegebenenfalls durch ein Netz oder Maschendraht vor Beutegreifern (Katzen, Marder) sichern.

— Auch beim Balkongehege gilt: Die Meerschweinchen brauchen genügend Auslauf und eine Rennstrecke.

— Für die Einrichtung gelten die gleichen Regeln wie für das Innengehege.

— Bei ganzjähriger Balkonhaltung ist wie in der Außenhaltung eine gut isolierte, geräumige Schutzhütte nötig. Auch sonst gelten die Regeln der Außenhaltung (S. 72f).

„Wo bin ich denn hier gelandet?"

„Schnell weg hier und ab in Deckung!"

Gemeinsam wird das Freilaufgehege erkundet.

Außenhaltung

Meerschweinchen können auch halb- und ganzjährig außen gehalten werden. Die Außenhaltung bedeutet jedoch größeren Aufwand und mehr Vorsorge, besonders im Winter. Vor allem ist zu beachten, dass die Tiere nicht plötzlichen Temperaturwechseln ausgesetzt werden.

004

Zum Film:
Meeri-
Haltung

Im Winter dürfen Außenhaltungstiere auf keinen Fall kurzzeitig ins Haus geholt werden, auch nicht für den Gesundheitscheck – der Temperaturschock kann schlimmstenfalls zum Tod führen. Kranke und ältere Tiere sind für die Außenhaltung nicht geeignet. Meerschweinchen, die halbjährig draußen gehalten werden, sollten frühestens Mitte Mai (nach den Eisheiligen) ins Außengehege gesetzt werden. Tiere, die keine Außenhaltung gewöhnt sind, dürfen nach Anfang September nicht mehr umquartiert werden.

GIFTIGE PFLANZEN IM AUSSENGEHEGE

Agave, Aloe, Alpenveilchen, Amaryllis, Anthurie, Aronstab, Azalee, Bärlauch und alle anderen Zwiebelgewächse, Bilsenkraut, Bingelkraut, Buschwindröschen, Christrose, Efeu, Eisenhut, Farne, Ficus, Fingerhut, Flieder, Geißblatt, Geranien, Gundermann, Herbstzeitlose, Hundspetersilie, Hyazinthe, Kalla, Krokus, Kronwicken, Lilien, Lupinen, Maiglöckchen, Narzissen, Primeln, Rebendolde, Sauerklee, Schneeglöckchen, Tulpen, Vergissmeinnicht, Wolfsmilchgewächse. Außerdem alle Sträucher und Bäume, die auf S. 67 genannt sind.

Für das Außengehege ist wichtig:
— eine Gruppengröße ab drei Tieren (besser ist eine größere Gruppe, damit sie sich im Winter gegenseitig wärmen können)
— eine gut isolierte Schutzhütte mit Lüftungslöchern, die so weit über dem Boden liegen, dass die Tiere nicht im Zug sitzen
— im Winter eine 10 cm dicke Schicht Einstreu und eine dicke Lage Stroh, die der zusätzlichen Isolierung dient
— bei Temperaturen unter 0 °C eine Wärmelampe zur Verfügung stellen (die Temperatur in der Schutzhütte sollte idealerweise 10 °C oder mehr betragen)
— ein eingezäunter und rundum abgesicherter Auslauf (am besten eignet sich viereckiger, rostfreier Volierendraht; der Gitterabstand darf 2 cm nicht überschreiten); Zaun bis 20 cm im Boden verankern; Größe des Geheges: mindestens 1 m² pro Tier
— matschsicherer Boden (gegebenenfalls mit Rindenmulch bestreuen)
— eine Bepflanzung, die Sonnenschutz und Nahrung bietet (Sträucher, Bäume, Gras)
— Lage nicht neben Komposthaufen, Mülltonnen, Gartenteichen oder gedüngten Feldern, weder in der prallen Sonne noch mit Durchzug
— Schutz vor Sonne, Wind und Regen, damit der Auslauf auch bei jedem Wetter zur Verfügung steht

— Schutz vor giftigen Pflanzen (Vorsicht: Auch herabfallende Blätter können giftig sein!)
— eine vielseitige Einrichtung mit Unterschlupfen und Zufluchtsorten

FÜTTERUNG IM AUSSENGEHEGE

Die Fütterung stimmt im Wesentlichen mit der Fütterung bei Innenhaltung überein. Im Winter können Sie den Tieren mehr Knollengemüse geben (Fenchel, Karotten, Sellerie), außerdem – in Maßen! – auch energiereiche Leckerchen wie getrocknete Gemüsesorten, Erbsenflocken, Sonnenblumenkerne, getreidefreie Pellets. Bitte vermeiden Sie jedoch das handelsübliche Trocken- und Fertigfutter (S. 86). Auch Wasser sollte immer zur Verfügung stehen. Hier ist im Winter mehrmals täglich zu prüfen, dass ausreichend Wasser im Napf ist und es nicht gefrieren kann.

In der Übergangszeit zum Frühjahr muss das frische Gras vorsichtig angefüttert werden; mindestens zwei Wochen lang vor ihrem ersten Außenaufenthalt sollten die Schweinchen in steigender Menge Gras bekommen.

IM AUGE BEHALTEN

Weil die Parasitengefahr in der Außenhaltung größer ist, müssen Sie Ihre Meerschweinchen täglich genau beobachten. Der wöchentliche Gesundheitscheck ist Pflicht; im Winter ist es besser, die Tiere mehrmals in der Woche zu wiegen. Kälte und Feuchtigkeit können zu Gewichtsverlust führen. In diesem Fall muss – bei Erhalt einer guten Luftzirkulation – nachisoliert werden. Die Schutzhütte sollte zweimal die Woche gereinigt werden, feuchte Einstreu ist täglich zu entfernen.

Wird ein Tier krank, so muss es – mit Partner – ins Haus geholt und dort erst einmal einige Stunden in einem kühlen Zimmer gehalten werden, bis es sich an die wärmere Temperatur gewöhnt hat.

Ein isoliertes Hochhaus schützt vor Nässe und Kälte.

Ein gut strukturiertes Außengehege mit vielen Verstecken.

73

Schöner Wohnen
— Gartengehege

01

02

Besonders schön wohnen Meerschweinchen und ihre Menschen im Gartengehege. Meerschweinchen lieben frische Luft und Sonne, auch wenn sie die Innenhaltung gewohnt sind. Mit einem Gartengehege, teils auf der Terrasse, teils im Grünen angelegt, können Sie wahre Wohnlandschaften anlegen, in denen Meerschweinchen Licht, Luft und Sonne genießen können – und Sie können sich jederzeit dazusetzen und sich am Gewusel Ihrer Schweinchen erfreuen.

Mit etwas architektonischem Geschick wird das Meerschweinchengehege zur Fortsetzung Ihrer Gartenlandschaft. Unterstände müssen nicht immer viereckig und aus Holz sein – und mit fantasiereichen Minizäunen signalisieren Sie Ihren Meerschweinchen, dass auch der Zweibeiner seine festen Pfade im Gehege hat. Variieren Sie auch den Untergrund: Für Meerschweinchenfüße ist es gesund, wenn sie wechselweise auf Gras, Rindenmulch, groben Steinplatten, der gewohnten Einstreu oder auf Erde laufen. Lassen Sie Ihre Fantasie spielen, wenn Sie im Baumarkt sind oder über den Flohmarkt bummeln: Sie werden staunen, was sich alles zu Meerschweinchenhäusern, -höhlen, -tunneln und -unterständen machen lässt!

03

01 *Wuselparadies: Sicher umzäunt und meer-schweinchengerecht, auch auf kleiner Fläche*

02 *Sonnenschutz ganz natürlich: Ein Flechtdach auf Birkenästen*

03 *Eine Wohnlandschaft für Meerschweinchen und Mensch zugleich*

04 *Außenhaltung regt Geist und Fitness an.*

04

Trinkflaschen werden täglich gründlich gereinigt und mit frischem Wasser befüllt.

Wohnungsputz bei Schweinchen

Meerschweinchen sind saubere Tiere und riechen nicht. Das gilt allerdings nur, wenn ihr Gehege regelmäßig gereinigt wird – das ist nicht nur für das Wohlbefinden aller Bewohner wichtig, sondern auch nötig, um Krankheiten und Parasiten vorzubeugen.

STUBENREIN?

Meerschweinchen werden nicht stubenrein – weder in ihrem Gehege noch im Freilauf. Das Absetzen von Urin und Kot geschieht bei Meerschweinchen meist unwillkürlich – und vor allem dann, wenn sie entspannt sind (abgesehen von Stress-Durchfall). Das bedeutet, dass ausgerechnet ihre Lieblingsecken und Kuschelsachen schnell „verwutzt" sind.

Diesen Umstand können Sie nutzen, um das Gehege bis zum wöchentlichen Ausmisten einigermaßen sauber zu halten: Kaufen Sie keine Nagertoiletten – die von den Meerschweinchen kaum angenommen werden –, sondern unterlegen Sie die Lieblingsecken im Gehege und im Freilauf einfach mit flachen Heukörbchen (S. 61), kleinen Hanfmatten oder weichen Fleecekissen. Diese „Kuscheltoiletten" lassen sich leicht auswechseln, und der Rest des Geheges bleibt einigermaßen sauber. Sicherlich werden die Meerschweinchen dennoch an allen möglichen und unmöglichen Stellen einige Böhnchen absetzen – das gehört zu ihrer Natur.

DIESE AUFGABEN FALLEN AN

Täglich Täglich müssen Wassernapf oder Trinkflasche und Futternapf gereinigt werden. Entfernen Sie schmutzige Einstreu aus den Lieblingsecken. Bei Fleecehaltung saugen Sie die Köttel mit einem Handstaubsauger ab.

Wöchentlich Einmal wöchentlich – bei kleinen Gehegen oder größeren Schweinegruppen: alle vier bis fünf Tage – steht die gründliche Gesamtreinigung an. Einstreu und Heu werden gänzlich ausgetauscht. Spülen Sie den Käfig mit heißem Wasser aus, gegebenenfalls mit einem Zusatz von Essig oder Zitronensäure (der auch Urinstein entfernt). Benutzen Sie darüber hinaus keine Reinigungsmittel oder Parfüme: Sie reizen die empfindlichen Atemwege der Meerschweinchen.

Einmal im Monat Alle vier Wochen – wenn notwendig öfter – sollten Einrichtungsgegenstände und Käfiggitter gesäubert werden. Alles wird mit heißem Wasser abgespült oder geschrubbt und sorgfältig getrocknet.

SCHWEINEPUTZ: BADEN TABU!
Meerschweinchen putzen sich selbst mehrmals am Tag ausgiebig. Beim wöchentlichen Gesundheitscheck (S. 88) sollten Sie lediglich darauf achten, dass das Fell und die Füße aller Schweinchen sauber und trocken sind. Auf keinen Fall sollten Sie Meerschweinchen baden! Die Tiere geraten dadurch unter großen Stress und können sich rasch erkälten.
Da Meerschweinchen ein sehr empfindliches Atmungssystem haben, kann dies zu einer Lungenentzündung und zum Tod führen.
An heißen Tagen können Meerschweinchen außerdem an Schock sterben, wenn sie ins Wasser gesetzt werden.
Ein Meerschweinchen darf daher nur gebadet werden, wenn dies medizinisch erforderlich ist. Wichtig: Nach dem Baden sollten Sie das Schweinchen sofort in ein Handtuch wickeln oder sanft trockenföhnen und es erst ins Gehege setzen, wenn es wieder trocken ist.

Beliebtes Versteck und lecker dazu: Frisches Heu sollte auch außerhalb der Raufe gereicht werden.

Für ein langes Leben

— Fütterung und Pflege

Dieser Kräuterkranz ist eine leckere Beschäftigungsidee für Meerschweinchen.

Fütterung

Rohfaserreiche, energiearme Gräser, Wurzeln und Kräuter: So ernähren sich Meerschweinchen seit Jahrtausenden in den Anden. Auch unsere Hausmeerschweinchen leben lang und gesund, wenn sie überwiegend dieses Futter bekommen.

WAS, WANN, WIE VIEL?

Als Pflanzenfresser mit träger Peristaltik brauchen Meerschweinchen ständigen Zugang zu Futter. Dieses setzt sich im Wesentlichen zusammen aus: Heu, Grünfutter (Gras, Kräuter), Frischfutter (Gemüse, ein wenig Obst), Zweigen und Wasser.

WELCHE MENGEN?

Heu muss immer zur Verfügung stehen, Gras und Kräuter sind eine geliebte und gesunde Ergänzung, ebenso Zweige mit Blättern (S. 67), die bei Meerschweinchen beliebt und wichtig für den Zahnabrieb sind. Frischfutter ist unverzichtbar: Da Meerschweinchen kein Vitamin C bilden und speichern können, sind sie auf die Vitamine in Gemüse, Kräutern und Obst angewiesen.

Die Futtermenge hängt von vielen Faktoren ab. Als Daumenregel gilt: 10 bis 15 g je 100 g Körpergewicht pro Tag (hier wird die reine Futtermasse ohne Wasser gerechnet), das sind bei normaler Schweinchengröße etwa 90 bis 120 g Frischfutter pro Tier und Tag. Allerdings sollte diese Menge aus einer guten Mischung verschiedener Gemüse bestehen, da manche Sorten – etwa die geliebte Gurke – nur wenige Nährstoffe und Vitamine enthalten. Obwohl die Meerschweinchen Frisch-

005

Zum Film:
Richtig
füttern

futter lieben, sollte es in Maßen gefüttert werden, da sie sonst ihre Grundnahrungsmittel Heu und Wasser vernachlässigen, die wichtig für den Zahnabrieb und den Flüssigkeitshaushalt sind.

WIE VIEL TRINKT MEIN SCHWEIN?

Manche Meerschweinchen hängen ständig an der Wasserflasche, andere verziehen das Gesicht, wenn sie dem Wassernapf zu nahe kommen. Meerschweinchen haben nicht immer das Bedürfnis zu trinken, vor allem wenn sie über das Frischfutter viel Wasser aufnehmen. Dennoch muss im Gehege immer ein Napf oder eine Flasche mit frischem Trinkwasser zur Verfügung stehen. Das ist auch eine

wichtige Vorsorge, falls das Schweinchen bei Krankheit einmal kein wasserreiches Frischfutter zu sich nehmen kann.

Grundsätzlich braucht ein Meerschweinchen täglich etwa 10 ml Wasser pro 100 g Körpergewicht. Dank der sorgfältigen Trinkwasserüberwachung in Deutschland können Meerschweinchen ohne Weiteres Leitungswasser bekommen. Lediglich sehr hartes Wasser sollte durch mineralarmes Wasser, das im Handel erhältlich ist, ersetzt werden.

Sämtliche Wasserzusätze aus dem Handel (z. B. Vitamin C) sind unnötig; hier sollte stattdessen auf eine ausgewogene Ernährung geachtet werden. Nur auf Anraten des Tierarztes benötigen die Tiere Zusätze.

☞ BELIEBTE VITAMIN-C-LIEFERANTEN

FUTTER	VITAMIN-C-GEHALT IN MG PRO 100 G	BITTE BEACHTEN!
getrocknete Brennessel	377	nicht frisch verfüttern: anwelken lassen oder trocknen
gelbe Paprika	294	den grünen Stängel und unreife Stellen entfernen (giftig)
grüne Paprika	192	
rote Paprika	150	
frische Petersilie	160	nur selten füttern: enthält viel Kalzium; nicht an trächtige Tiere
getrocknete Petersilie	473	
Brokkoli	110	in Maßen füttern (Kohl)
Fenchelknolle	93	hoher Mineral- und Vitaminanteil, kann den Urin verfärben
Kohlrabiblätter	64	in Maßen füttern (Kohl)
frischer Dill	50	trockene Kräuter nur in Maßen füttern
getrockneter Dill	117	
frischer Löwenzahn	30	trockene Kräuter nur in Maßen füttern
getrockneter Löwenzahn	82	

GRUNDNAHRUNGS-MITTEL HEU

Heu ist so wichtig für Meerschweinchen wie für uns das Brot. Heu muss in jedem Meerschweinchengehege zu jeder Zeit in ausreichender Menge zur Verfügung stehen. Es sorgt für den notwendigen Zahnabrieb, hat einen hohen Rohfasergehalt und gibt den Schweinchen das befriedigende Gefühl, ihren fordernden Magen ständig mit etwas Gutem zu beschäftigen. Weich, lecker und gesund – Heu ist ein wichtiger Faktor in einem glücklichen Meerschweinchendasein.

WANN FÜTTERN?

Ideal sind viele kleine Futtergaben über den Tag verteilt. Ist das nicht möglich, so gilt:
— Heu und Wasser müssen rund um die Uhr zur Verfügung stehen.
— Frischfutter mindestens einmal am Tag geben.

Das Heu sollte immer zuerst gefüttert werden, damit sich die Schweinchen nicht mit dem leckeren Frischfutter vollstopfen und die notwendige Zufuhr an Raufutter zu kurz kommt. Verschiedene Gemüsesorten sollten möglichst nacheinander gefüttert werden, sodass jedes Tier sein Stück bekommt und dadurch ausgewogen mit Vitaminen versorgt wird.

Wichtig **Entfernen Sie Frischfutter, das nicht gefressen wurde, spätestens nach einigen Stunden aus dem Gehege. Vor allem im Sommer verdirbt es rasch und zieht Insekten und Parasiten an.**

FUTTER RICHTIG LAGERN
— Frischfutter: kühl und dunkel
— Heu und trockene Futterarten: trocken, dunkel, luftig
— niemals in Nähe von Chemikalien, Reinigungsmitteln und Rattengift
— gesichert vor Mäusen und Insekten
Niemals Futter reichen, das staubt, fault, schimmelig ist oder faulig riecht!

WELCHES HEU IST GUT?

Hochwertiges Heu sollte grünlich aussehen, angenehm duften, sich trocken anfühlen, nicht stauben und aus verschiedenen Grassorten und Kräutern bestehen. Im Heu der zweiten Heuernte sind mehr Kräuter als im

Eine stabile Heuraufe gehört zu den wichtigsten ...

1. Schnitt, das Heu ist dadurch nährstoffreicher. Spätere Schnitte enthalten vorwiegend Gras und werden nicht so gerne gefressen. Eine Mischung aus 1. und 2. Schnitt ist für Nager ideal.

Inzwischen gibt es zahlreiche Anbieter, die – auch online – hochwertiges, schonend getrocknetes Heu mit einem guten Gras-Kräuter-Verhältnis verkaufen. Alternativ kann man bei regionalen Bauern Heu in größeren Mengen kaufen. Wie beim Kauf im Zoohandel sollten Sie dabei auf die Qualität des Heus achten:

— Ist es grünlich, trocken, locker und überwiegend staubfrei?
— Duftet es angenehm nach Wiese?
— Sind lange Halme, Grasrispen und Kräuter enthalten?
— Wird es in Jutesäcken oder perforierten Tüten angeboten? (Heu in eingeschweißten Plastiktüten wurde gegen Schimmel und Parasiten behandelt und enthält entsprechende Chemikalien.)

Zu Hause sollten Sie das Heu trocken, luftig und dunkel lagern, am besten in Jutesäcken oder alten Bettbezügen aus Baumwolle. Bei Lagerung in Plastiktüten oder in hoher Luftfeuchte wird das Heu klamm und bildet Schimmel.

HEU SELBST GEMACHT

Gras für die Heuherstellung muss mit der Handschere, der Sichel oder der Sense geschnitten werden. Damit daraus Heu wird, sollten Sie Folgendes beachten:

— unbedingt mitgeschnittene giftige Pflanzen (z. B. Herbstzeitlose) entfernen
— das Gras großflächig auf trockenem und luftigem Untergrund ausbreiten (Reuter, Dachboden)
— täglich wenden
— mindestens sechs Wochen lagern, bevor es verfüttert werden darf (bis dahin finden noch Gärungsprozesse statt, die den Meerschweinchen schaden können)
— Kleinere Mengen können im Umluftofen bei knapp 50 °C getrocknet werden, Trockenzeit etwa 3 bis 4 Stunden; dieses Heu kann sofort verfüttert werden und ist sehr beliebt.

… Einrichtungsgegenständen im Gehege.   *Gesund und beliebt: Haselnusszweige zum Knabbern*

Frisches Gras, ein Festmahl für Meerschweinchen

Löwenzahn und Giersch sind besonders lecker!

GRAS UND KRÄUTER

So manches Meerschweinchen wird Ihnen einreden wollen, dass es vor allem frisches Gras braucht. Tatsächlich stürzt sich eine Schweinegruppe wie wild auf einen Grashaufen und hat ihn innerhalb kürzester Zeit vertilgt. Dennoch dürfen Sie Ihrem Schweinchen nicht glauben, wenn es behauptet, Heu sei von nun an überflüssig: Gras hat einen anderen Rohfaser- und Proteingehalt und unterstützt den Zahnabrieb nicht ganz so gut. Gras – in der Meerschweinchenliteratur oft auch unter Frischfutter oder Grünfutter aufgeführt – ist eine wesentliche Ergänzung zum Heu, aber kein Ersatz.

Kräuter enthalten viele gesunde Stoffe, manche jedoch auch im Übermaß. Sie sollten darum stets in Maßen gefüttert werden. Auskunft über ihre Nährwerte finden Sie unter *http://www.diebrain.de/Iext-vitamine.html*

LANGSAM GEWÖHNEN

Nach der monatelangen Heuzeit im Winter müssen die Schweinchen im Frühjahr mit kleinen Mengen an das geliebte frische Gras

gewöhnt werden, ansonsten drohen Koliken. Danach gibt es keine Mengenbeschränkung, allerdings sollte nicht gefressenes Gras aus dem Gehege entfernt werden, denn es beginnt innerhalb kurzer Zeit nach dem Schnitt zu gären.

WO ERNTEN?

Wie beim Heu ist eine ausgewogene Mischung aus verschiedenen Gräsern und Kräutern ideal. Zierrasen und Rasenmäherschnitt sind – auch in getrockneter Form – tabu. Ebenfalls ungeeignet sind Gräser und Kräuter vom Wegesrand, von Feldrändern, Straßenrändern und Futterweiden, da sie von Dünger, Tierausscheidungen und Abgasen verunreinigt sind. In hohem Gras und in Büschen können sich Zecken verstecken.

Bei der Grasernte auf wilden Wiesen sollten Sie darauf achten, dass hier keine Kaninchen oder Hunde ihren Kot abgesetzt haben. Städter finden am ehesten auf Spielplätzen, wo Hundeverbot herrscht, Gras, das geeignet für ihre Meerschweinchen ist.

Wer Platz hat und gerne pflanzt, kann auch auf dem Balkon oder der Fensterbank eine

006

Kräuter
sammeln

Die Qual der Wahl: „Was esse ich zuerst?"

Miniaturwiese mit einer guten Mischung verschiedener Gräser ziehen. Der Nutzeffekt ist bei einer Heimwiese allerdings sehr eingeschränkt: Die Meerschweinchen weiden begeistert in fünf Minuten ab, was über Wochen gewachsen ist.

Tipp Wenn Sie Ihren Rasen vertikutieren, trocknen Sie das Moos und verwenden Sie es als Kuscheleinstreu!

LECKERLIS UND UNGESUNDES

Meerschweinchen haben das gleiche Problem wie wir Menschen: Was am besten schmeckt, ist leider oft nicht gesund. Beliebte Leckerchen dürfen daher nur eingeschränkt gegeben werden. Anderes Futter ist, obwohl von der Industrie als ideal für Nager angepriesen, schlichtweg schädlich.

KRÄUTER AUS FELD UND GARTEN

— Beifuß

— Blaue Luzerne

— Brennnessel (angetrocknet)

— Gänseblümchen

— Giersch

— Hasenscharte

— Huflattich

— Indianernessel

— Kamille

— Kapuzinerkresse

— Kresse

— Löwenzahn

— Malve (Käsepappel)

— Melde

— Pfefferminze

— Purpursonnenhut

— Ringelblume

— Rotklee

— Salbei

— Sauerampfer (wenig)

— Topinambur

— Wegerich

— Weißklee (wenig)

— Wiesenschafgarbe

WAS SCHWEIN LIEBT

Für Paprikakerne würde so manches Schweinchen seine Kumpel an einen Wanderzirkus verkaufen. Andere Meerschweinchen sind geradezu süchtig nach Erbsenflocken.

Hier sind einige Tipps, wie Sie Ihre Meerschweinchen gesund verwöhnen können:

Erbsenflocken Sie sind gesund, aber sehr energiereich, nicht an übergewichtige Tiere verfüttern. Nur geringe Mengen füttern.

Obst Nur in kleinen Mengen und selten verfüttern, da es sehr zuckerhaltig ist.

Paprikakerne, weiches Inneres der Paprika Keine schädliche Wirkung bekannt, aber auf keinen Fall Anteile des grünen Stängels verfüttern (enthält giftiges Solanin).

Petersilie (Blätter und Stängel) Nur alle paar Wochen ein wenig verfüttern, stark kalziumhaltig (siehe S. 87).

Sonnenblumenkerne Gute Nahrungsergänzung, aber sehr fett, daher maximal einen Kern pro Tag geben.

Trockengemüse Nur selten und in kleinen Mengen als Beschäftigungsfutter anbieten.

Die gesündeste Lösung ist, besonders beliebtes Futter von Hand an die Schweinchen zu verfüttern: Dadurch wird jede Möhrenscheibe zum Ereignis! Außerdem hat jedes Meerschweinchen sein Lieblingsgemüse, mit dem Sie es individuell verwöhnen können.

VORSICHT VOR TROCKENFUTTER

Getreidehaltiges Trockenfutter ist für Meerschweinchen nicht geeignet. Bei der Verdauung wird Stärke in Zucker umgewandelt, dieser lässt die physiologische Darmflora der Tiere absterben. Dadurch können Meerschweinchen keine Vitamine mehr verstoffwechseln und außerdem an gefährlichen Keimen erkranken. Zudem liefert dieses Futter den Meerschweinchen in kurzer Zeit zu viele Kalorien: Sie nehmen dann nicht mehr das notwendige Raufutter zu sich und werden dick und träge.

Deshalb hat auch Brot im Meerschweinchengehege nichts zu suchen. Die beliebten Haferflocken dürfen lediglich Meerschweinchen in Außenhaltung an besonders kalten Wintertagen gereicht werden – auch hier sollten Sie aber lieber zu energiereichem Trockengemüse greifen.

INDUSTRIELLE „LECKERCHEN"

Joghurtdrops, Knabberstangen und alles, was schön bunt ist, schadet den Meerschweinchen und anderen Nagern. Fast alle industriellen „Verwöhn-Produkte" oder „Nager-Snacks" enthalten Zucker, Melasse, Honig, Getreide oder Mais, die die Darmflora der Tiere angreifen. Auch Milchprodukte sind für Meerschweinchen gänzlich ungeeignet. Belohnen Sie Ihre Tiere also lieber mit Gemüse oder Kräutern.

BITTE NICHT FÜTTERN!
Absolut tabu:
— Salz- und Minerallecksteine
— Küchenabfälle und Essensreste
— Süßes und Gebäck
— Brot (alt oder frisch, auch Knäckebrot)
— getreidehaltiges Trockenfutter
— Milchprodukte
— Hundekuchen

Nur selten und wenig:
— getrocknete Kräuter
— Sonnenblumenkerne
— Kohl (verschiedene Arten)
— Petersilie
— Erbsenflocken

01

02

03

DAS KALZIUM-PROBLEM

Kalzium ist lebenswichtig: Ohne Kalzium kann der Körper viele seiner Grundfunktionen nicht aufrechterhalten; bei langfristigem Kalzium-Mangel leiden Knochen und Gelenke. Doch eine Überversorgung mit Kalzium ist ebenso fatal: Sie führt zu Nieren- und Blasensteinen, Ablagerungen in Gewebe und Augen und zu Organverkalkung. Da viele Kräuter und Gemüsesorten, die bei Meerschweinchen besonders beliebt sind, einen hohen Kalziumgehalt haben, ist hier Vorsicht geboten. Einige sollten Sie nur in geringem Maße füttern (Petersilie, Dill, Majoran, Thymian, Kohl), andere lieber ganz weglassen (Möhrengrün, Luzerne).

01 *„Kräuter! Wenn ich bestimmen dürfte, bekäme ich sie jeden Tag!"*

02 *Sonntagsbraten für Meerschweinchen: Ein Obstspieß mit Banane und Erdbeeren*

03 *Viele Meerschweinchen lieben Petersilie. Wegen des hohen Kalziumgehalts darf sie aber nur ausnahmsweise gefüttert werden.*

Einen sehr hohen Kalziumgehalt haben:
— **Kräuter (vor allem getrocknet)**
— **Petersilie**
— **Möhrengrün**
— **alle Kohlarten (wirken auch aufgasend)**
— **Luzerne (Alfalfa): ist oft in kommerziell angebotenem Heu enthalten!**

Pflege und Gesundheitsvorsorge

Meerschweinchen sind robust – und gleichzeitig sehr empfindlich. Da sie Krankheiten lange verbergen, kann es rasch ernst werden, wenn ein Tier sichtbar krank ist. Für ein langes Meerschweinchenleben sind daher eine gute Pflege und regelmäßige Vorsorge wesentlich.

VORSORGE IM ALLTAG

Gesundheitsvorsorge fängt im täglichen Umgang mit Ihren Meerschweinchen an. Je mehr Zeit Sie mit ihnen verbringen und je genauer Sie sie beobachten, desto schneller fällt Ihnen auf, ob ein Tier sich anders verhält als sonst.

TÄGLICH PRÜFEN

Kommt das Meerschweinchen wie immer zur Fütterung herbeigelaufen? Frisst es normal und zeigt keine Probleme beim Kauen? Bewegt es sich normal? Ist die Haltung beim Absetzen von Kot und Urin anders als sonst (Hinweis auf Schmerzen)? Sind seine Augen klar? Ist es lebhaft und sauber?

TÜV – DER WÖCHENTLICHE GESUNDHEITSCHECK

Einmal pro Woche steht der „Meerschweinchen-TÜV" an. Hier wird das Meerschweinchen von Kopf bis Pfote durchgesehen und gewogen.

Anfangs wird der TÜV etwas schwerfallen: Ihr Meerschweinchen zappelt, will sich nicht ins Maul schauen lassen, ärgert sich, dass ihm da jemand an der Intimgegend herumtastet. Schon bald aber wird dieser wichtige Gesundheitscheck für beide Seiten Routine: Sie lernen, wie fest man ein Meerschweinchen anfassen darf und muss, wie man am besten einen Blick auf die Zähne werfen kann, welche Griffe für das Meerschweinchen nicht bedrohlich sind. Ihr Tier lernt im Gegenzug, dass ihm nichts Schlimmes passiert und es sogar angenehm ist, wenn Schmutz entfernt wird und zu lange Krallen gekürzt werden. Es hält still, sodass der TÜV rasch überstanden ist.

007
Zum Film:
Schweinchen
TÜV

Meerschweinchen sind sehr reinliche Tiere.

☞ CHECKLISTE FÜR DEN MEERSCHWEINCHEN-TÜV

KÖRPERTEIL	WAS IST ZU PRÜFEN?	WAS IST ZU TUN?
Ohren	— Schmutz? — Absonderungen?	— Außen- und Innenseite ansehen — Innenseite vorsichtig mit einem Papiertuch oder Wattestäbchen reinigen (nicht stochern!)
Augen	— Bindehaut: ohne Rötungen und Schwellungen? — stehen beide Augen gleich weit vor? — sauber? — normal feucht?	— vorsichtig unter die Lider sehen — leichte Verkrustungen an den Augenrändern sanft mit warmem Wasser anfeuchten und mit einem Papiertaschentuch abwischen — bei Auffälligkeiten zum Tierarzt
Nase	— Absonderungen?	— bei Ausfluss und Atemgeräuschen zum Tierarzt und auf Schnupfen oder Allergie prüfen lassen
Lippen	— sauber und trocken? — Krusten? Verletzungen?	— vorsichtig mit einem feuchten Tuch säubern — bei Krusten und Verletzungen zum Tierarzt
Schneidezähne	— Kanten und Form normal? — beide Zähne gleich lang und gerade aufeinander? — sauber? — Kiefer abtasten: Verdickungen?	— Futterreste zwischen den Schneidezähnen vorsichtig mit einem Zahnstocher oder Mini-Bürstchen entfernen — Bei Zahnproblemen zum Tierarzt – wenn das Tier nicht richtig fressen kann, besteht Lebensgefahr!
Pfoten	— Sohlen sauber und trocken? — ggf. Krallen schneiden	— Pfoten (und Krallen) mit einem feuchten Tuch sanft reinigen
Hinterteil und Analregion	— sauber? — bei Männchen: Genitalpflege (Perinealtasche und Penis)	— sanft mit einem feuchten Tuch reinigen; verfilztes Fell abschneiden — Perinealtasche und Penis von Sekreten und Belägen reinigen
Haut, Fell	— Schuppen, Krusten? — Krabbeltiere? (Parasiten) — Verdickungen, Knoten?	— bei Parasiten und Auffälligkeiten zum Tierarzt
Bauch	— gebläht? Bauchdecke hart?	— zum Tierarzt
ganzer Körper	— nach Veränderungen abtasten	— bei deutlichen Veränderungen zum Tierarzt
Gewicht	— starke Gewichtsverluste? (über 50g pro Woche)	— Tier wiegen, Gewicht in Wiegeliste eintragen — bei starkem Gewichtsverlust zum Tierarzt

Gepflegte Schweinchen
— Rundum sauber

01

02

Meerschweinchen betreiben ihre Fellpflege selbst. Langhaarige Meerschweinchen brauchen dabei jedoch Hilfe: Am besten wäre für sie ein Kurzhaarschnitt, damit sie ihr Fell selbst pflegen können. Auch im Sommer bedeutet für die hitzeempfindlichen Tiere ein kürzeres Fell eine Erleichterung. Auf jeden Fall aber darf das Fell von Langhaarmeerschweinchen nicht länger als bis 1 cm über dem Boden hängen, und am Hinterteil muss es immer so kurz sein, dass es nicht durch Ausscheidungen verschmutzt. Daher muss das Fell bei Langhaarmeerschweinchen regelmäßig geschnitten werden. Da das Meerschweinchenfell sehr fein ist, brauchen Sie eine scharfe Schere, idealerweise eine Nagelschere, deren Biegung beim Schneiden vom Tierkörper wegzeigt. Verfilzte Stellen und Knoten dürfen nicht ausgekämmt, sondern müssen abgeschnitten werden.

Meerschweinchen lassen sich nicht gerne bürsten. Bürsten Sie niemals ein Tier kraftvoll durch. Sinnvoll ist lediglich eine sehr sanfte Hautmassage mit einer weichen Plastikbürste, die Schuppen löst und die Hautzellen durchblutet.

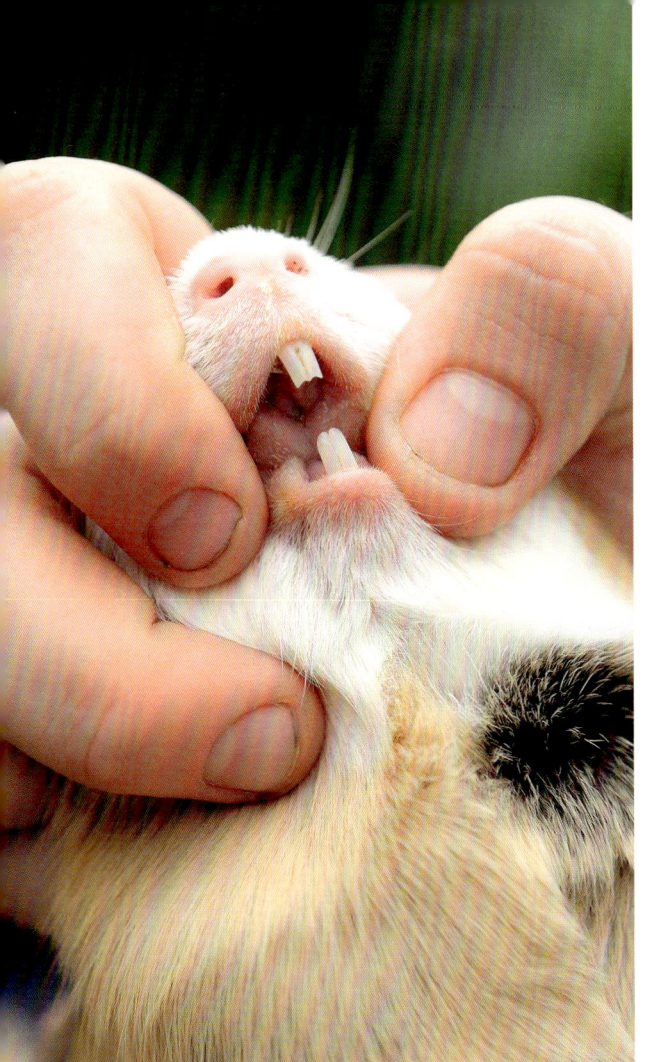

03   04

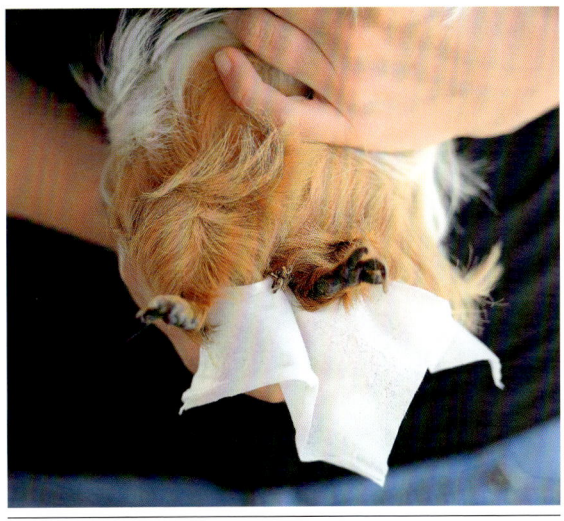

05

01 Das seidige Fell von Langhaarmeerschweinchen muss regelmäßig gekämmt werden ...

02 ... und im Sommer sind sie durchaus dankbar für eine Kurzhaarfrisur.

03 Unbeliebt, aber wichtig: Die Kontrolle der Schneidezähne

04 Die Innenseite der Ohren sollte sanft mit einem Tuch gereinigt werden.

05 Auch die Genitalregion wird vorsichtig mit einem feuchten Tuch abgewischt.

Krallenschneiden: Nicht sehr beliebt – und doch gewöhnen sich die Schweinchen daran.

KRALLEN- UND FUSSPFLEGE

Meerschweinchenkrallen wachsen ständig nach und müssen daher regelmäßig geschnitten werden. Das mögen Meerschweinchen allerdings gar nicht gern. Viele zappeln so sehr, dass man sie fixieren muss. Lassen Sie sich von einem Tierarzt oder einem erfahrenen Meerschweinchenhalter zeigen, wie Sie das Tier sicher, aber nicht zu fest halten und ihm dabei gleichzeitig die Krallen schneiden können. Zum Schneiden sind Krallenscheren für Nager oder auch kosmetische Nagelknipser geeignet. Der Schnitt wird so gesetzt, dass die Unterseite der Krallen wieder parallel zum Boden verläuft.

Da Blutgefäße in die Krallen hineinstrahlen, müssen Sie darauf achten, einen kleinen Abstand zu den winzigen roten Gefäßen zu halten. Sollte es doch einmal bluten, Ruhe bewahren: einen Tupfer oder ein zusammengelegtes Papiertaschentuch auf die Stelle halten, bis die Blutung gestoppt ist. Bei dunklen Krallen dient eine helle Kralle an einer anderen Pfote zur Orientierung, wie weit die Blutgefäße gehen.

Das Krallenschneiden, so unbeliebt es ist, gehört unbedingt zur Pflege Ihrer Tiere: Durch zu lange Krallen werden die Zehen dauerhaft deformiert und verursachen den Meerschweinchen Schmerzen. Raue Fliesen oder Steine unter den Futternäpfen unterstützen den natürlichen Krallenabrieb, ersetzen aber nur selten das Krallenschneiden.

Auch die Ballen mit ihrer zarten rosa Haut müssen regelmäßig untersucht werden. Hier bilden sich öfter hornige, kleine Fortsätze, die – mit genügend Abstand zur Haut – abgeknipst werden können. Hierbei müssen Sie sehr vorsichtig sein, denn Ballenverletzungen können schlimme Entzündungen verursachen.

RICHTIG WIEGEN

Geradezu lebenswichtig für Ihre Meerschweinchen ist das regelmäßige Wiegen. Ein plötzlicher Gewichtsverlust ist oft das erste Warnzeichen einer ernsteren Erkrankung. Daher sollten Sie für jedes Tier eine Wiegetabelle führen, in die Sie wöchentlich das Gewicht eintragen. Am besten wiegen Sie immer zur gleichen Tageszeit vor dem Füttern – ein voller Bauch kann das Gewicht um bis zu 50 g verfälschen!

Ideal ist eine Digitalwaage mit einer Waagschale, in die ein erwachsenes Schweinchen passt. Bei unruhigen Tieren können Sie das Meerschweinchen in einer Kuschelrolle oder in einem Kuschelsack in die Schale setzen, ansonsten reicht ein Tuch als Unterlage (Gewicht jeweils abziehen). Lassen Sie das Meerschweinchen niemals unbeaufsichtigt, wenn es auf der Waage sitzt.

GEWICHTSVERLUST UND ÜBERGEWICHT

Das Gewicht notieren Sie anschließend in der Tabelle. Dadurch können Sie den Gewichtsverlauf jedes Tieres sehen. Schwankungen bis ca. 50 g pro Woche sind normal. Alarmierend ist ein steter Gewichtsverlust über mehrere Wochen (auch wenn es nur langsam bergab geht): Dann sollten Sie das Tier auf jeden Fall vom Tierarzt untersuchen lassen und gleichzeitig darauf achten, dass es in seiner Gruppe nicht sozialem Stress ausgesetzt ist. Bei alten Tieren ist eine langsame Abnahme normal. Auch starke Zunahmen können – außer im normalen Wachstumsprozess junger Tiere – ein Alarmzeichen sein: eine Schwangerschaft, aber auch Tumoren, Zysten oder Schilddrüsenerkrankungen. Auch hier ist das Meerschweinchen dem Tierarzt vorzustellen.

Das „Idealgewicht" des Meerschweinchens hängt von Geschlecht und Körperbau ab. Weibchen wiegen etwa 700 bis 1 200 g, Männchen etwa 800 bis 1 600 g. Übergewicht schadet Ihrem Tier: Hier ist mehr Bewegung angesagt und weniger energiehaltiges Futter. Geben Sie vor allem Heu und Grünfutter, Zweige zum „Erarbeiten" des Futters sowie einige wenige, vitaminreiche Gemüsesorten. Trockenfutter sollten übergewichtige Schweinchen grundsätzlich nicht bekommen. Auf keinen Fall aber sind Fastentage angesagt: Die Verdauung von Meerschweinchen wird schwer gestört, wenn nicht ständig Futter zur Verfügung steht.

Nicht jedes Meerschweinchen sitzt still, deswegen geht das Wiegen am besten mit einer Schüsselwaage.

Wenn Meerschweinchen krank werden

Leider verbergen Meerschweinchen Krankheiten möglichst lange. In der Natur werden kranke Tiere aus dem Rudel ausgestoßen, weil sie eine Gefahr für die ganze Gruppe bedeuten. Dieser Instinkt hat sich bei Hausmeerschweinchen erhalten: Oft lassen sie erst dann Symptome erkennen, wenn eine Krankheit nicht mehr zu verbergen ist.

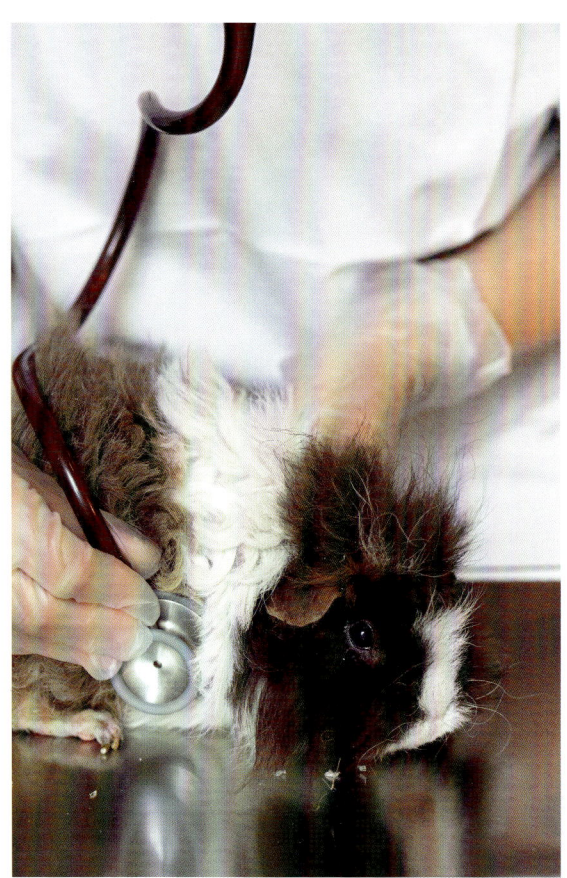

Suchen Sie einen Tierarzt mit Meerschweinchenerfahrung auf.

DER RICHTIGE TIERARZT

Nicht alle Tierärzte haben umfassende Erfahrung mit Meerschweinchen und anderen Kleinnagern. Erkundigen Sie sich darum gleich beim Kauf Ihrer Meerschweinchen, wo es in Ihrer Umgebung einen kompetenten Tierarzt gibt. Empfehlungen können Sie auch im örtlichen Tierheim, in regionalen Notstationen oder bei Meerschweinchen-Notorganisationen bekommen.

Bei Tierheilpraktikern sollten Sie darauf achten, dass die Person Ihrer Wahl eine grundständige Ausbildung an einer anerkannten Institution und Erfahrung auf dem Gebiet von Meerschweinchen hat.

Viele Behandlungsmethoden und Heilmittel sind für den kleinen Organismus von Meerschweinchen nicht geeignet, darum muss bei Tierarzt und Tierheilpraktiker Erfahrung mit Kleinnagern Voraussetzung sein. Bei vielen Meerschweinchen hat sich eine Kombination aus Schulmedizin, Homöopathie und Naturheilpraxis als ideal erwiesen – gerade für Meerschweinchen bietet die rasante Entwicklung alternativer Heilmethoden große Chancen.

BEI DIESEN SYMPTOMEN SOFORT ZUM TIERARZT!

— **A**bmagerung trotz Nahrungsaufnahme
— Afterregion ständig verklebt
— Apathie
— Appetitlosigkeit
— Atembeschwerden (kurzatmig, heftige Atmung)
— Aufgetriebener Leib (harte Bauchdecke, gebläht)

— **B**eißversuch und Fiepen bei Berührung (Schmerzen)
— Bewegungen verzögert oder lahmend
— Bindehaut gerötet
— Blutspuren
— Blut im Urin

— **D**urchfall (auch mit Blut)

— **F**lüssigkeitsaufnahme auffallend stark
— Fell struppig

— **G**ewichtsabnahme mehr als 50 g pro Woche
— Gleichgewichtsstörungen
— Gliedmaßen seltsam gewinkelt

— **H**aarausfall außerhalb des Fellwechsels im Herbst
— Harnabsatz auffallend häufig und stark
— Hautrötungen, borkige Haut
— Husten (häufig)

— **K**ahle Stellen im Fell
— Kopfschütteln (auffallend)
— Kopf-Schiefstand
— Kotbeschaffenheit: dünn, stark riechend, ungewöhnliche Farbe
— Krämpfe

— **K**rallen: eingewachsen, verdreht (außer der äußersten Kralle an der Vorderpfote: Zuchtfehler)
— Kratzen (häufig): Verdacht auf Parasiten

— **L**ähmungserscheinungen
— Lider geschwollen

— **N**asenbluten
— Nasenausfluss: plötzlich auftretend, eitrig
— Niesen (häufig)

— **O**hr: ständiges Kratzen, Verkrustungen, Schwellungen

— **S**chwellungen an den Lippen
— Schwellungen am Gesäuge und/oder Geschlechtsorganen
— Schuppenbildung (stark)
— Seitenlage (unnatürlich)
— Speicheln (stark)

— **T**ränende oder eiternde Augen
— Trübungen der Augen, geröteter Augapfel

— **U**nruhe, wenn Hunger und Durst ausgeschlossen sind

— **V**erharren, stundenlang und reglos
— Verkriechen im Häuschen (ständig)
— Verstopfung, eventuell im Wechsel mit schleimigem, stinkendem Kot

— **W**unden und Borken

— **Z**ähne: überlang, gebogen, unregelmäßig, abgebrochen
— Zittern (lang andauernd)
— Zunahme (stark)

BESUCH BEIM TIERARZT

Ein Besuch beim Tierarzt bedeutet für Meerschweinchen stets großen Stress, da sie aus ihrem Gehege entfernt und ins Ungewisse entführt werden. Für manches Tier ist es eine Hilfe, wenn es von einem anderen Tier aus der Gruppe begleitet wird, andere sind derart in Panik, dass dies keinen Unterschied macht und nur unnötigen Stress für den Begleiter bedeutet. Was für Ihr Tier am besten ist, erkennen Sie nach ein bis zwei Arztbesuchen. Auf jeden Fall sollten Sie eine geeignete Transportbox verwenden (S. 44), die mit Heu, etwas Futter und einer Kuschelrolle ausgestattet wird.

Notieren Sie sich vorab alle Fragen an den Arzt und halten Sie Grundinformationen bereit (Alter, Gewicht, frühere Erkrankungen, Symptome, bereits verabreichte Medikamente). Lassen Sie sich nach der Diagnose genau erklären, womit das Tier behandelt wird, wie Sie es zu Hause pflegen sollen und ob ein Nachsorgetermin erforderlich ist.

MEDIKAMENTENGABE

Lassen Sie sich vom Tierarzt zeigen, wie Medikamente zu verabreichen sind. Je nach Art der Verabreichung gibt es bestimmte Tricks:

Tropfen, zerriebene Tabletten, Pulver
a) Mit Früchtemus oder Saft verabreichen.
b) In einigen ml Wasser mit einer nadellosen Spritze seitlich am Mundwinkel ins Schnäuzchen spritzen (Schluckreflex).
Salbe Auftragen und gleich anschließend dem Meerschweinchen Lieblingsfutter vorsetzen (Ablenkung, damit die Salbe einwirken kann), 15 min. auf dem Schoß halten.
Globuli Direkt ins Schnäuzchen stecken, werden in der Regel gerne genommen (süß).

Sie können das Meerschweinchen für die Medikamentengabe fixieren, indem Sie es vor sich auf den Schoß oder auf den Tisch setzen, mit einer Hand so umfassen, dass Sie auch die Vorderpfoten halten, und ihm mit der anderen Hand das Medikament verabreichen. Bei Einspritzung in den Mund umfassen Sie sein Schnäuzchen und führen die Spritze seitlich hinter den Schneidezähnen ein. Das Schweinchen wird sich, wenn das Medikament nicht gerade fürchterlich schmeckt, rasch daran gewöhnen und nicht mehr zappeln.

PÄPPELN

Wenn das Meerschweinchen unter Kiefer- oder Zahnverletzungen oder Krankheiten leidet, bei denen es vorübergehend das Fressen eingestellt hat, müssen Sie es – nach Diagnose und Anleitung durch den Tierarzt – päppeln. Beim Tierarzt erhalten Sie Päppelnahrung, die aus pulverisiertem Heu und Kräutern besteht und alle Nährstoffe enthält (Päppelnahrung aus dem Internet ist dagegen oft nicht zu empfehlen!). Das Pulver wird in kleinen Por-

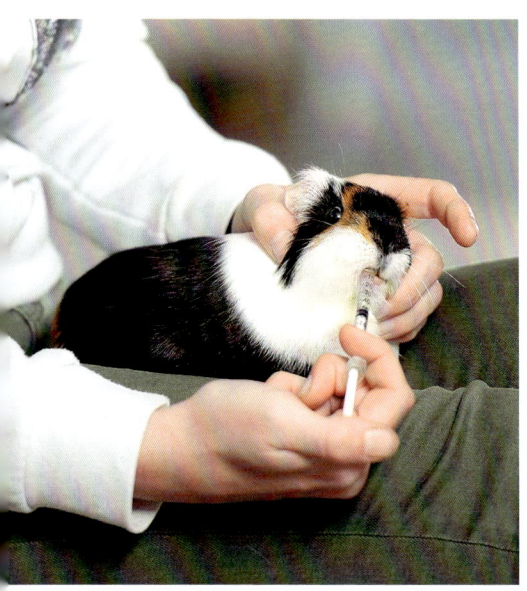

Medizin? – Nur mit viel Überredung!

Der Päppelbrei schmeckt so gut, dass er gern genommen wird.

tionen mit warmem Wasser angerührt. Manche Schweinchen nehmen es von einem Löffel oder aus einer flachen Schale, anderen muss es mit einer 5- oder 10-ml-Spritze (ohne Nadel) in den Mund gespritzt werden. Das Tier muss dabei in seiner normalen Haltung fixiert werden – auf keinen Fall senkrecht halten oder auf den Rücken legen! Befolgen Sie unbedingt die Mengenangaben des Tierarztes und lassen Sie dem Meerschweinchen immer genug Zeit, einige Milliliter Brei zu kauen und zu schlucken. Vielen Schweinchen schmeckt der nahrhafte Brei, sodass sie nach der ersten Gewöhnung das Ersatzfutter gerne nehmen.

Wichtig Auch Meerschweinchen, die gepäppelt werden, müssen immer Zugang zu Heu, Wasser und Frischfutter haben! Je früher sie anfangen, selbstständig zu fressen, desto besser.

KRANKHEITEN VON A BIS Z

AUGENERKRANKUNGEN
Jegliche Veränderungen, Infektionen und Entzündungen am Auge und an den Bindehäuten muss der Tierarzt versorgen. Eventuell kann man Fremdkörper, die unter dem Lid stecken, sehr vorsichtig selbst entfernen. Erkrankte Tiere bei gedämpftem Licht pflegen.

BALLENENTZÜNDUNGEN
Sie werden durch Übergewicht und feuchte Einstreu begünstigt. Hilfreich sind Ringelblumen- oder Wundsalben (Füße danach verbinden, damit die Einstreu nicht anklebt) und Bäder mit Kamillenauszügen und desinfizierenden Lösungen.

BLASENENTZÜNDUNG
Das Tier zeigt eine feuchte Afterregion und Schmerzäußerungen beim Wasserlassen und beim Anfassen. Urinprobe vom Tierarzt untersuchen lassen (Tier in eine Plastikwanne

Fettauge: Eine häufige, aber harmlose Erkrankung

setzen, Urin mit einer Einwegspritze aufsaugen). Unterstützend kann das homöopathische Mittel Cantharis D6 gegeben werden.

BLUTUNGEN
Blutungen aus Maul, Nase, After oder Geschlechtsöffnung sind ein Alarmzeichen. Sofort den Tierarzt aufsuchen.

DURCHFALLERKRANKUNGEN
Sie können durch Würmer, Parasiten, Viren oder auch die Fütterung bedingt sein. Bei heftigen Durchfällen oder Blutbeimengungen sofort zum Tierarzt. Er wird auch die Ursache diagnostizieren, die dann abgestellt werden muss. Bei Durchfall ohne Blutbeimengung das Grün- und Saftfutter vorübergehend weglassen und durch Trockenfutter ersetzen; bestes Heu zur freien Verfügung; frisches, chlorfreies Wasser; Weidenzweige mit Blättern (Salweide); getrocknete Heidelbeeren; täglich einen Teelöffel Johannisbrotkernmehl ins Futter mischen. Auch Effektive Mikroorganismen (EM) helfen sehr gut. Wenn nach zwei Tagen keine Besserung eingetreten ist, unbedingt den Tierarzt aufsuchen.
Bei Durchfall regelmäßig den Afterbereich feucht und dann trocken sauber wischen.

EIERSTOCKZYSTEN

Sie treten häufiger im Alter zwischen 2 und 4 Jahren auf. Ein verdickter Leib und Haarausfall an Flanken und Rumpf deuten darauf hin. Der Tierarzt wird eine Hormonbehandlung oder Operation vorschlagen.

EKTOPARASITEN

Besondere Ansteckungsgefahr besteht draußen. Wirksame Mittel zur Behandlung von Haarlingen, Milben, Läusen oder Flöhen sind beim Tierarzt erhältlich. Gebrauchsanweisung lesen und die Nachbehandlung nicht vergessen, um den Neubefall aus übrig gebliebenen Eiern auszuschließen!

Tipp Als Naturheilmittel gegen Parasiten hat sich Granatapfelpulver hervorragend bewährt: Das Fell alle 14 Tage damit einstäuben (Kosmetikpinsel).

ENDOPARASITEN

Symptome sind ein aufgetriebener Bauch bei Abmagerung, Appetitmangel und Kotveränderungen. Der Tierarzt wählt das Mittel entsprechend der diagnostizierten Wurmart aus.

ERKÄLTUNGSKRANKHEITEN

Niesen kann durch staubige Einstreu, Reinigungsmittel oder die Raumluft hervorgerufen werden. Nasenfluss, röchelnder Atem und geschwollene, tränende Augen lassen auf eine Erkrankung schließen; dann den Tierarzt aufsuchen. Vorbeugung: Luftfeuchtigkeit 50 bis 70 %, Raumtemperatur 18 bis 22 °C, ausreichende Vitamin-C-Versorgung. Sole-Inhalation ist eine der besten Therapien gegen Atemwegserkrankungen! Einfach neben dem Gehege isotonische Kochsalzlösung (0,9%) mit einem Ultraschall-Vernebler oder Nebelbrunnen vernebeln. Mehrfach am Tag 20-40 Minuten, 10-14 Tage lang. Hilft sowohl den Atemwegen von Meerschweinchen als auch denen des Menschen. Bei Erkrankungen der tiefen Atemwege (Bronchien): Thymian-Tee vernebeln.

GEWICHTSVERLUST

Gewichtsverlust kann stressbedingt sein (ständige Konflikte in der Gruppe). In diesem Fall muss das Tier in eine andere Gruppe kommen. Ansonsten beim Tierarzt auf eine Erkrankung untersuchen lassen.

Im Sommer brauchen Meerschweinchen unbedingt Schatten, sonst droht ein Hitzschlag.

HAARAUSFALL

An den Flanken kann er ein Hinweis auf Eierstockzysten sein.

HAUTENTZÜNDUNGEN

Sie werden meist durch Parasiten (Milben) oder Pilzinfektionen hervorgerufen, eventuell durch Bissverletzungen. Die Symptome sind Kratzen, unruhiges Umherrennen, Schuppen oder krustige Stellen im Fell. Der Tierarzt wird vor der Behandlung eine genaue Diagnose stellen (Abstrich, Kultur).

HITZSCHLAG

Er kann auftreten, wenn ein Tier großer Wärme oder praller Sonne ausgesetzt war. Es liegt dann flach, atmet kaum noch, fühlt sich schlaff an und die Muskeln zittern. Dann sofort ins Kühle bringen (15 bis 18 °C), Wasser anbieten (Tropfen vom Finger lecken lassen), Beinchen mit Wasser benetzen, trocken-kühles Tuch auf den Körper legen.

HUMPELN

Bei Hinken und Lahmen vom Tierarzt abklären lassen, ob Meerschweinchenlähme oder eine Verletzung des Bewegungsapparats vorliegt. Als Ursache kommen auch Vitamin-C-Mangel, Gebärmutterentzündung oder Kalziummangel nach der Geburt infrage.

KNOCHENBRÜCHE

Bei unnatürlich abgespreizten oder abstehenden Gliedmaßen und Schmerzempfindlichkeit (auch im Rippenbereich) könnte ein Knochenbruch vorliegen. Dann sollte man umgehend einen Tierarzt aufsuchen.

KOKZIDIOSE

Dies ist eine ansteckende Darmerkrankung, hervorgerufen durch Endoparasiten. Sie äußert sich durch Durchfall, Blutungen aus dem Darm, klumpigen, schleimigen, blutigen Kot. Das Fell ist gesträubt, die Meerschweinchen machen einen Katzenbuckel, leiden unter Appetitlosigkeit und magern rasch ab. Sofort

zum Tierarzt! Erkrankte Tiere muss man separieren und auf Hygiene achten. Unterstützend die ausreichende Vitamin-C-Versorgung sicherstellen.

Außerdem sind – auch bei anderen Darmerkrankungen – effektive Mikroorganismen (EM) zu empfehlen: Einen Tropfen auf 3 ml Wasser mit der Spritze ins Mäulchen eingeben, bei schweren Fällen 2x täglich.

LIPPENGRIND

Er kann durch Verletzungen, Unterversorgung mit Fettsäuren, aber auch durch Stress (z.B. Konflikte in der Gruppe) hervorgerufen werden. Am besten lässt man eine Diagnose vom Tierarzt stellen und füttert vorsorglich geschälte Sonnenblumenkerne und Leinsamenschrot zu (Gewicht kontrollieren!). Ringelblumensalbe kann ebenfalls helfen.

MEERSCHWEINCHENLÄHME

Die Meerschweinchenlähme ist eine unter Meerschweinchen ansteckende Gehirn- und Rückenmarkentzündung, wahrscheinlich durch Viren hervorgerufen. Sie äußert sich durch Lähmungserscheinungen (beginnend an den Hinterbeinen), Appetitlosigkeit und gesträubtes Fell und gehört unbedingt sofort in tierärztliche Behandlung. Das erkrankte Meerschweinchen von den anderen separieren, um die Ansteckungsgefahr zu verringern!

OHRENPROBLEME

Wenn sich ein Meerschweinchen häufig am Ohr kratzt oder scheuert, untersucht man in gutem Licht, ob ein Fremdkörper darinsteckt (Granne, Heustückchen) und entfernt diesen vorsichtig mit einer stumpfen Pinzette. Bei schlechtem Geruch sowie bei Rötungen und Verkrustungen sofort den Tierarzt aufsuchen.

PILZBEFALL

Die Dermatomykose wird von Tier zu Tier beziehungsweise über Futter, Wasserflasche und Einstreu übertragen und äußert sich durch kreisförmigen Haarausfall mit rotem Rand, schuppig-borkige Beläge und Juckreiz. Da die Erkrankung auch auf den Menschen übertragen werden kann, sofort zum Tierarzt! Pilzbefall wird begünstigt durch Feuchtigkeit, schlechte Ernährung, verpilzte Nahrungsmittel (das Heu riecht muffig oder schimmelig) und ein schwaches Immunsystem der Tiere.

SCHUPPENBILDUNG

Sie wird durch Stoffwechselstörungen, gestörten Haarwechsel oder zu trockene Raumluft hervorgerufen. Der Tierarzt sollte die Diagnose stellen. Danach richtet sich die Behandlung bzw. die Optimierung der Haltungsbedingungen.

STUMPFES FELL

Hier liegt eine ernährungsbedingte Mangelerscheinung vor, es fehlen Vitamine und Mineralstoffe. Ein biotinhaltiges Vitaminpräparat geben!

TROMMELSUCHT, BLÄHSUCHT

Bei diesen Verdauungsstörungen ist der Leib aufgedunsen, häufig tritt Seitenlage und schnelle Atmung auf. Sofort zum Tierarzt! Ursache erforschen und behandeln.

TUMOREN

Jeglicher Verdacht auf Tumoren (Verdickungen) sollte vom Tierarzt abgeklärt werden.

VERGIFTUNGEN

Symptome sind Zittern, veränderte Atmung, starkes Speicheln, Krämpfe, Bewegungsstörungen, Durchfall. Als Ursachen kommen

Saubere Umgebung, gesundes Futter und viel Platz sind die beste Vorsorge!

Giftpflanzen, Reinigungsmittel, Medikamente, Chemikalien aller Art infrage. Sofort zum Tierarzt gehen; möglichst Reste des Gefressenen mitnehmen bzw. eine Aufstellung dessen, was in Reichweite des Tieres war. Plötzliche Todesfälle, insbesondere bei Jungtieren, könnten auf zu viel Kupfer im Leitungswasser zurückzuführen sein.

VERSTOPFUNG
Man prüft, ob die Perinealtasche neben dem After verstopft ist, wischt sie vorsichtig aus und reinigt sie mit Babyöl. Vorübergehend Trockenfutter stark reduzieren, stattdessen Saftfutter wie geschälte Gurke, Melone, Sauerampfer, Löwenzahn, Wegerich, Echinacea-Blüten geben. Vorsicht mit Paraffinöl, es kann zu Verdauungsproblemen führen. Nach zwei Tagen zum Tierarzt gehen, wenn keine Besserung eingetreten ist.

WUNDEN
Leichte Verletzungen und Bisse kann man mit blutstillender Watte, Octenisept (Desinfektion) und Calendula-Salbe behandeln. Bei größeren Wunden zum Tierarzt.

WUNDEN IM MAUL
Sie muss der Tierarzt versorgen. Bei Zahnfleischentzündung kann Silicea helfen.

ZAHNPROBLEME
Nutzen sich die Zähne nicht genügend ab, kommt es zu Entzündungen und Problemen bei der Nahrungsaufnahme. Hier muss der Tierarzt helfen, indem er die Zähne kürzt.

ZITZENENTZÜNDUNG
Die Zitzen sind gerötet, geschwollen, heiß und schmerzen. Mit Arnica D6 und einer anti-entzündlichen Salbe behandeln.

ALTER UND ABSCHIED

Typische Erscheinungen des Alterns können bei Meerschweinchen gleichzeitig auch Krankheitsanzeichen sein. Wenn Ihr Meerschweinchen in die Jahre kommt, sollten Sie es daher besonders gut beobachten und stets prüfen, ob es auch wirklich gesund ist. Ältere Meerschweinchen werden langsamer, schlafen viel – manchmal muss man sie zur Fütterung sogar wecken! –, bewegen sich vorsichtig und steigen nicht gerne auf Etagen. Manche Meerschweinchen bekommen auch ein struppiges, lichtes Fell und nehmen stark an Gewicht ab. Hier sollte man besonders darauf achten, dass diese Symptome nicht durch unausgewogene Ernährung, Milben oder Pilzbefall ausgelöst wurden.

Selbst wenn Ihr Meerschweinchen kein wuseliger Jungspund mehr ist, können Sie noch lange Zeit Freude an ihm haben. Verwöhnen Sie das Tier ein bisschen: Es sollte immer eine weiche Unterlage haben, seien es Kuschel-sachen oder ein leckeres Heubett. Achten Sie darauf, dass die jüngeren Meerschweinchen dem langsameren Senior nicht die besten Happen wegschnappen: Am besten verteilen Sie das Gemüse so, dass jedes Schweinchen seinen Leckerbissen abbekommt. Alte Tiere dürfen gerne auch etwas mehr vom energiereichen Knollengemüse erhalten, Kräuter und den einen oder anderen Sonnenblumenkern. Wenn das Tier Beschwerden beim Gehen hat, sollten sein Futter- und Schlafplatz auf einer Ebene liegen. Hindernislauf und enge Eingänge, die jungen Meerschweinchen Spaß machen, sind für alte Meerschweinchen nicht mehr geeignet. Ebenso kann eine Vergesellschaftung mit Babys zu anstrengend für Senioren sein.

DER LETZTE LIEBESDIENST

Alte Meerschweinchen können ihren Lebensabend geraume Zeit genießen. Wenn Ihr Tier aber Schmerzen hat, die sich nicht behandeln lassen, wenn es zu akuten Organausfällen

Ältere Meerschweinchen sitzen gern in ebenerdigen Unterschlupfen und schlafen viel.

kommt oder das Schweinchen keine Nahrung mehr zu sich nehmen kann, dann stellt sich die Frage, ob das Weiterleben nicht eine Qual für das geliebte Tier ist.

Bei einer ärztlichen Empfehlung zum Einschläfern sollten Sie, wenn Ihnen diese letzte Wahl nicht ganz ersichtlich ist, eine zweite Meinung einholen. Zeigt Ihr Meerschweinchen noch Anzeichen von Lebensfreude (Appetit, Interaktion mit anderen Meerschweinchen und Ihnen), so lassen Sie sich nicht zu schnell auf diesen letzten, unwiderruflichen Schritt ein. Wenn die Euthanasie aber tatsächlich der letzte Liebesdienst ist, den Sie Ihrem leidenden Tier tun können, so besprechen Sie das Vorgehen mit Ihrem Tierarzt. Wichtig ist, dass Sie Zeit mit Ihrem Meerschweinchen haben und es in Ihrem Arm einschlafen darf.

TRAUER UM DEN PARTNER

Wichtig beim Abschied eines jeden Meerschweinchens ist: Sein Partnertier darf anschließend auf keinen Fall alleine bleiben! Manche Meerschweinchen verkraften die Trauer um den verlorenen Partner nicht und gehen nach kurzer Zeit ein. Haben Sie nur ein Pärchen und keine ganze Gruppe, so sollten Sie sich unbedingt direkt nach dem Tod eines Tiers um einen neuen Partner bemühen. Möchten Sie die Meerschweinchenhaltung nach dem Tod Ihres verbliebenen Tiers beenden, so bekommen Sie in Notstationen sogenannte „Leihschweinchen" (S. 124).

ERINNERUNG

Jedes Tier, das gehen musste, hinterlässt eine schmerzhafte Lücke. Oft können Rituale der Erinnerung den Schmerz ein wenig lindern. Viele Menschen richten heute Internetseiten (z. B. auf sozialen Foren) für ihr geliebtes Tier ein. Auch Bilder oder andere Mittel der Erinnerung und Vergegenwärtigung können das ausdrücken, was wir unserem Tier so gerne sagen möchten: Du bist geliebt, und ich werde dich nie vergessen.

Ein Meerschweinchen, das seinen Partner verloren hat, trauert – und wird ohne Kumpel vereinsamen.

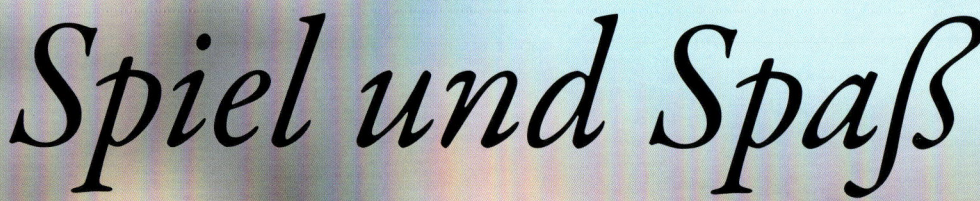

Spiel und Spaß

— Mehr Abwechslung im Meerschweinchen-Alltag

Futtergirlande: „Nehme ich zuerst die Möhre oder die Paprika oder doch lieber die Petersilie?"

Die schönsten Spielideen

Meerschweinchen sind neugierig – und Futter hat immer höchste Priorität. Das können Sie ausnutzen, um mit Ihren Schweinchen viel Spaß zu haben und den kleinen Fellkugeln etwas Bewegung zu verschaffen.

FUTTERSPIELE

Schon die Fütterung kann zum Abenteuer werden. Sie können die Meerschweinchen auf einfache Weise dazu anregen, sich ihr Futter aktiv zu erarbeiten.

FUTTERSUCHE

Verstecken Sie Gemüsestücke an verschiedenen Stellen im Gehege. Die Meerschweinchen werden ihrer Nase folgen und entzückt sein, wenn sie plötzlich auf ein Stück Möhre oder Gurke stoßen. Lieblingsgemüse kann auch mitten in einem Heuhaufen versteckt werden.

LEINEN UND PENDEL

Fädeln Sie verschiedene Gemüsestücke auf eine Leine (kein Plastik!) und spannen Sie sie in ca. 25 cm Höhe auf. Die Meerschweinchen werden sich um die Wette strecken und versuchen, so viel wie möglich auf einmal abzubeißen – oder gleich die ganze Leine herunterzureißen.

Kleine Äpfel, Gemüsestücke oder eine ganze Paprika können an einem Faden frei aufgehängt werden. Die Schweinchen müssen nun verschiedene Taktiken entwickeln, damit das leckere Futter nicht ständig ihren Angriffen ausweicht.

WEGLAUF-FUTTER

Manche Meerschweinchen haben Spaß daran, mit ihrem Futter „Schnauzball" zu spielen: Dafür können Sie kleine, runde Tomaten ins Gehege legen, die eine Weile herumgekullert werden, bis schwein endlich einen Ansatzpunkt für seine Zähne findet. Im Zoofachhandel können Sie auch einen „Snackball" kaufen: Das ist ein befüllbarer Plastikball mit kleinen Öffnungen, durch die trockenes Futter – ideal sind Kräuter oder Paprikakerne – herausfällt. Sportliche Schweinchen geben keine Ruhe, bis sie den Ball leer gerollt haben.

FUTTERSPIESS UND FUTTERBAUM

Versehen Sie einen Metallspieß oder einen festen Zweig mit verschiedenen Gemüse- und Obststückchen und befestigen Sie ihn in den Löchern eines Ziegelsteins. Futterbäume haben mehrere Zweige, an denen Sie eine große Vielfalt an Leckereien aufspießen können. Manche Schweinchen gehen energisch zum Angriff über, während strategisch geschickte Mitbewohner auf die Stücke warten, die im Eifer des Gefechts herunterfallen.

HEUVERSTECKE

Meerschweinchen lieben Heu – wo auch immer sie es finden. Ein Versteck, aus dem sie Halm für Halm zupfen müssen, kann sie stundenlang beschäftigen. Ein Leckerchen, das mitten im Heu versteckt ist, erhöht die Motivation.

HEUSOCKE UND -TÜTE

Schneiden Sie einige kleine Löcher in eine alte Socke, füllen Sie sie mit Heu und binden Sie sie oben zu. Wenn Sie das Heu ein wenig durch die Löcher herausziehen, wird bald die ganze Schweinebande um die Socke herumsitzen und versuchen, an den leckeren Inhalt zu kommen. Statt einer Socke können Sie auch eine Papiertüte füllen (kein Plastik). Das Rascheln zieht die Schweinchen magisch an.

HEUKISSEN

Beim Heukissen müssen die Schweinchen sich strecken: Füllen Sie eine alte Leinentasche mit Heu und knoten Sie sie oben am Gehegerand fest. Durch einige kleine Löcher hindurch können die Schweinchen das Heu herauszupfen.

PAPPROLLEN

Füllen Sie Toilettenpapierrollen mit Heu und verstecken Sie in der Mitte ein leckeres Stück Gemüse. Die Meerschweinchen werden keine Ruhe geben, bis sie alles Heu herausgezupft haben und an das Leckerchen gekommen sind.

Wühlkiste und Eierkarton: Anleitungen siehe S. 61 und S. 109 f.

Eine tolle Heuhöhle zum Auffressen!

Was steckt wohl in der Röhre?

Geschäftiges Schweineleben

— Ein Interview

Experte: Fips von den Sifle-Schweinchen
Fragen und Übersetzung aus dem Meerschweinischen:
Viona von *www.sifle.de*

Hallo, Fips! Hättest du Zeit für ein kleines Interview?

Klar! Worum geht's denn?

Um Beschäftigungsmöglichkeiten für Meerschweinchen.

Oh, da kann ich eine Menge erzählen! Schließlich bin ich ein sehr beschäftigter Schweinemann.

Das ist prima. Kannst du erst mal erzählen, welches deine Lieblingsbeschäftigungen sind?

Ich knuspere gerne Heu und mampfe Gemüse und buddle in der Einstreu und düse herum und hüpfe mit meinen Mitbewohnerinnen um die Wette und kuschle mich in gemütliche Ecken und erkunde Höhlen und Häuser und Tunnel und Röhren.

Und ich untersuche alles Neue in unserem Schweinegehege und erquietsche Leckerchen von meinen Zweibeinern und ich sorge für Ordnung in der Schweinegruppe und brommsle beeindruckend herum ...

Das klingt ja so, als wären Meerschweinchen den ganzen Tag beschäftigt.

Allerdings. Das geht aber nur, wenn auch eine nette Gruppe von Schweinekollegen da ist und genügend Platz, um Schweinedinge zu erledigen. Und ein interessantes Schweinegehege, in dem es immer wieder etwas Neues zu entdecken gibt.

Gehst du häufiger auf Entdeckungstour?

Ich bin fast immer auf der Suche – wenn ich nicht gerade ein Nickerchen in meinem

01 *Meerschweinchen Fips stellt sich dem Interview.*

02 *Muffin, Ilani und Fips zerlegen ein Heubündel.*

03 *Die Kräuterfüllung des Heubündels duftet und animiert zum Spielen.*

01

02

03

Lieblingszelt mache. Ich bohre meine Nase überall hinein und ich wühle mich durch den dichtesten Urwald, wenn meine Nase etwas Leckeres geortet hat. Zum Beispiel finde ich manchmal eine Papiertüte, die mit Heu vollgestopft ist. Da wühle ich total gerne darin herum. Und mit ein bisschen Glück finde ich Paprikastückchen oder Salatblättchen. Und wenn ich erschöpft bin vom Wühlen, kann ich mich mitten im Heu einrollen und einschlummern.

Klingt gemütlich.

Ist es auch! Oft finde ich auf meinen Entdeckungstouren auch Heubündel mit leckerer Füllung. Die sind mit Bastfäden ganz eng zusammengebunden und daran kann man prima herumzerren und knabbern. Und wenn ich mich ganz doll anstrenge, komme ich an die Kräuterkrümel heran, die in der Mitte versteckt sind.

Oder neulich habe ich eine Schatzkiste geknackt. Das war so ein Eierkarton, mit einer

01

köstlichen Heu-Dill-Füllung. War gar nicht so einfach, den zu öffnen, aber gemeinsam mit meinen Schweinedamen habe ich es dann doch geschafft.

Und wir plündern auch manchmal das Öttbrett, wenn sonst nichts zu tun ist.

Ein Öttbrett? Was ist das denn?

Ein Öttbrett ist ein Brett für Öttis – also für mich und meine Schweinedamen. In dem Brett sind Löcher drin. Und in den Löchern sind leckere Sachen drin. Kräuterkrümel oder getrocknete Petersilienwurzel oder Fenchelsamen oder Kornblumenblüten oder Dillstiele oder ...

Du wolltest mir doch erzählen, wie das Öttbrett funktioniert...

Ach ja! Also über den Löchern mit den leckeren Sachen drin sind kleine Deckel drüber. Und die Deckel kann ich mit der Nase wegschieben oder mit der Pfote wegpaddeln und dann kann ich mich mit den Kräuterkrümeln vollfressen. Oder mit den Petersilienwurzeln oder den Fenchelsamen. Kommt eben drauf an, was drin ist im Öttbrett.

Machst du denn nur Sachen gerne, die mit Futter zu tun haben?

Nicht nur. Manche Sachen sind so spannend, dass ich sie auch ohne Kräuterduft untersuche. Zum Beispiel Häuschen, Tunnel oder Kuschelsachen, die plötzlich an einem anderen Ort stehen. Da muss ich sofort gucken, was los ist, und drum herumlaufen und untendrunter durch. Und ich muss alles bebrommseln und beschnuppern. Das macht zusammen mit meinen Schweinedamen unheimlich viel Spaß.

Wir haben auch schon eine große Kiste gefunden, die mit Stroh gefüllt war. Durch kleine Eingänge konnten wir uns alle in die Kiste hineinbohren und ganz wild im Stroh herumwühlen. Da haben wir uns Gänge gebaut und knusprige Strohstiele zerknabbert. Das hat auch ohne Leckerchen Spaß gemacht!

Und es ist total aufregend, wenn plötzlich Decken oder Tücher über den Tunneln und Häusern liegen. Da gibt es tolle Abenteuerlandschaften, durch die wir uns hindurchwuseln können.

02

Überall sind dann neue Wege und Abkürzungen und Geheimgänge und dunkle Ecken und gemütliche Kuschelecken. Und alles ist ganz weich!

Was waren denn bisher deine spannendsten Abenteuer?

Ach, ich könnte dir da sooo viel erzählen: vom Apfelpendel, von der Heusocke, vom Hütchenspiel ... Aber ich hab da schon wieder was erschnuppert. Ich muss los und die nächste Schatzkiste knacken! Schau doch einfach mal vorbei auf *www.SIFLE.de.* Da kannst du mehr über meine Abenteuer lesen.

03

01 Ein Heubündel weckt die Neugier der Meerschweinchen.

02 Profis: Das Heubündel wird im Nu zerlegt.

03 Muffin spielt mit dem Öttbrett.

04 Unterschiedliche Füllungen machen das Öttbrett interessant.

05 Mit Tüchern lassen sich schnell und einfach Kuschelhöhlen bauen.

04

05

FLEECEHÖHLE

Ein ganz einfaches, aber sehr beliebtes Spielzeug: Legen Sie eine zusammengeknüllte Fleecedecke ins Gehege. Die Meerschweinchen werden sie mit Freude zurechtboxen, um sich eine kuschelige Höhle daraus zu bauen.

WUSELSPIELE

AB IN DEN TUNNEL

Meerschweinchen wuseln gerne, vor allem wenn es etwas Neues zu entdecken gibt. Arrangieren Sie die Tunnel und Unterstände im Gehege (nicht den Ruhebereich!) einfach einmal neu, legen Sie mehrere Tunnel hintereinander oder bauen Sie ein ganzes System mit Abzweigungen und verschiedenen Ausgängen. Die Meerschweinchen werden im Gänsemarsch vorsichtig herankommen, der Mutigste wagt den ersten Schritt, und im Nu werden sie mit Begeisterung herumwuseln, vorne rein, hinten raus, noch einmal und noch einmal und andersrum ...

Sie können Tunnelabschnitte auch mit Handtüchern oder Fleecedecken verbinden: Die Schweinchen lieben es, sich an der Seite durch den Stoff herauszuboxen. Und dann muss schwein natürlich gleich noch einmal durch den Tunnel!

LABYRINTH UND HINDERNISPARCOURS

Mit Pappe, Ziegelsteinen oder Holzbrettern können Sie für Ihre Meerschweinchen ein kleines Labyrinth aufbauen. Die Motivation, darin verschiedene Gänge auszuprobieren, wird durch Möhren- oder Gurkenscheiben erhöht. Je nach Schweinelaune wird das Labyrinth aber auch in einen Hindernisparcours verwandelt: Wenn schwein keine Lust mehr hat, sich an vorgegebene Gänge zu halten, klettert es einfach über die Barrieren hinweg. Ein solcher Parcours lässt sich auch mit weniger Aufwand bauen: Stellen Sie stabile Korkrollen einfach einmal quer neben oder auf Unterstände und Häuschen, legen Sie einige alte Kissen oder kleine Kartons mit Eingangslöchern ins Gehege. Die Neugier Ihrer Tiere wird ins Grenzenlose wachsen – natürlich muss alles gleich begutachtet, beschnuppert und erklettert werden!

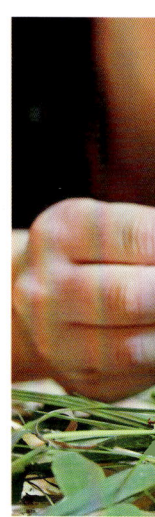

01

MEERSCHWEINCHEN UND MENSCH

Für Ihre Meerschweinchen sind Sie in erster Linie der Futtergeber – und stehen damit hoch im Kurs. Ihre Schweinchen mögen es aber auch, wenn Sie sich mit ihnen beschäftigen. Obwohl Meerschweinchen nicht gerne kuscheln, sind Annäherung und gemeinsames Spiel möglich. Entscheidend ist, dass es beiden Seiten Spaß macht.

FREILAUF MIT MENSCH

Setzen Sie sich einfach mal in den Freilauf. Nun sind Sie das neue Objekt, das es zu erkunden gilt. Wenn Sie Geduld haben, freundlich mit Ihren Schweinchen reden und das eine oder andere Leckerli bereithalten, werden die Schweinchen bald um Sie herumwuseln, sich an Ihren Beinen hochstrecken, vielleicht sogar auf Ihren Schoß klettern.

STRESSFREI STREICHELN

Wenn Ihre Meerschweinchen bereits Vertrauen zu Ihnen gefasst haben (S. 46), können Sie versuchen, ob sie sich auch auf Streicheln oder gar Kuscheln einlassen. Grundsätzlich mögen Meerschweinchen nicht gern angefasst

03

werden. Zahme Tiere lassen sich aber durchaus streicheln oder machen es sich auf Ihrem Schoß gemütlich. Ein sanftes Kraulen hinter dem Ohr ruft dann keine Abwehrreaktionen hervor, sondern wird offensichtlich genossen.

02

01 *Klettermax: Gurkenspieße animieren zu Höhenflügen.*

02 *Vertrauen aufbauen: Das geht besonders gut mit Klee und Löwenzahn.*

03 *Höhlenforscher: Tunnel ziehen Schweinchen magisch an.*

Liebe geht durch den Magen: Mit Leckerchen werden Schüchternheiten schnell überwunden.

Hier die wichtigsten Schritte fürs stressfreie Streicheln:

1. Lassen Sie das Meerschweinchen bestimmen. Weicht ein Tier Ihrer Berührung aus oder zeigt Angst – Zusammenzucken, Kopf-Hochwerfen, Plattmachen, Gurren –, zwingen Sie es nicht zum Kuscheln.

2. Schutz anbieten: Ihr Arm oder Bauch bietet dem Tier eine Schutzwand, an der es sich geborgen fühlt.

3. Zartes Streicheln: Starke, kraftvolle Bewegungen sind für Meerschweinchen bedrohlich. Streicheln Sie Ihr Tier nur ganz zart mit der Fingerkuppe, am besten hinter den Ohren. Greifen oder bedecken Sie es mit Ihrer Hand nicht von oben; das macht ihm Angst.

4. Streicheln in Fellrichtung: Streichen Sie mit den Fingerkuppen entlang des Fellstrichs. Rosetten können Sie von innen nach außen streicheln.

5. Auch Kraulen sollte immer nur sanft sein, am besten hinter den Ohren.

Ihr Meerschweinchen wird Ihnen durch Unruhe oder monotones Quieken zeigen, wenn es genug hat. Ein Leckerli am Ende der Kuscheleinheit verknüpft das Streicheln mit einer besonders guten Erfahrung.

LERNSPIELE

Meerschweinchen lernen rasch und gern – aber nur, wenn sie Lust dazu haben. Signalisiert Ihr Schweinchen Interesse an Ihnen und an Leckerchen, so können Sie dies mit kleinen Lernspielen (Konditionierung) verbinden.

Die einfachste Form der klassischen Konditionierung bringt Ihr Schweinchen schon aus dem Heimatstall mit: Lautes Quieken mit sehnsüchtig erhobenem Schnäuzchen wird mit Futter belohnt. Das Quieken ist eine Reaktion auf bestimmte Reize: Die Schweinchen merken, dass Sie den Raum betreten haben, sie hören das leise Quietschen der Kühlschranktür oder das verheißungsvolle Rascheln der Möhrentüte. Da sie zuvor die Erfahrung gemacht haben, dass auf diese Reize Futter folgt, reagieren sie mit Quieken und Betteln, um die Fütterung zu beschleunigen. Bei der operanten Konditionierung dagegen wird mit komplizierteren Verhaltensmustern gearbeitet: Mithilfe von Belohnungen (Leckerchen) können Sie Ihrem Meerschweinchen einfache Tricks beibringen, etwa, dass es sich um die eigene Achse dreht, Hindernisse überwindet oder Männchen macht. In der Arbeit mit Hunden, Katzen und Nagern wird vor allem das Clicker-Training eingesetzt: Das gewünschte Verhalten wird mit einem einfachen, immer gleichen „Klick" honoriert, auf das eine Belohnung folgt. Auf diese Weise lernt das Tier, was sein Trainer von ihm will. Sinnvoll ist ein solches Training jedoch nur, wenn Ihr Meerschweinchen dazu aufgelegt ist. Gerät es schon dadurch unter Stress, dass Sie es aus der Gruppe nehmen, wird das Spiel zum Zwang. Ein Training in der Gruppe dagegen führt in der Regel dazu, dass sich alle Tiere gleichzeitig auf das Leckerchen stürzen – und somit den individuellen Lerneffekt sabotieren. Viele Schweinchen lernen lieber im Gruppenverband. Hier sind am besten Futterspiele geeignet, die den Tieren Kreativität beim Aufspüren von Leckerchen abverlangen. Dabei kann durchaus auch der Mensch im Auslauf als Futterversteck dienen – Meerschweinchen haben zum Beispiel gar nichts dagegen, ihr Schnäuzchen nachdrücklich in einer Menschenhand zu vergraben, wenn sich darin leckere Paprikakerne finden.

Und auch der Mensch lernt von solchen Spielen: Durch die intensive Beschäftigung mit Ihren Schweinchen, durch die Beobachtung ihres Verhaltens und ihrer Reaktionen werden Sie rasch Experte darin, die Sprache Ihrer kleinen Mitbewohner zu verstehen.

Kletterburgen aus Holz, Karton und Mensch

„Und was spielen wir jetzt?"

Meerschweinchen im Internet

— Austausch, Rat und Hilfe

Innenarchitektur, Hausdesign und Kuschelsachen: Das Internet bietet viele kreative Ideen für Meerschweinchen.

Cyber-Schweinchen

Das Internet ist ein Teil unseres täglichen Lebens geworden. Auch Meerschweinchen haben inzwischen ihren Raum im Cyberspace erobert. Das Internet bedeutet eine enorme Hilfe und Bereicherung für den Umgang mit unseren kleinen felligen Mitbewohnern – allerdings birgt es auch einige Gefahren.

MEERSCHWEINCHEN-FOREN

Soziale Netzwerke gibt es auch für Meerschweinchen – oder genauer gesagt: für ihre Halter, die sich gerne mit anderen über das Zusammenleben mit den geliebten Tieren austauschen. Hier geht es nicht nur um das Teilen von gelungenen Schnappschüssen, sondern vor allem auch um die Weitergabe von Informationen und die Diskussion spezieller

Fragen. Das Meerschweinchenleben ist so vielfältig, dass nicht alle Aspekte in gedruckten Ratgebern und Informationsbroschüren bis ins Detail abgedeckt werden können. Bei speziellen Fragen finden Meerschweinchenhalter auf den Foren erste Informationen und oft auch Tipps für weiterführende Literatur oder Beratungsstellen.

Selbstverständlich ersetzt der beste Austausch keinen Tierarzt. Kein seriöser Experte wird Ihnen eine Ferndiagnose erstellen, wenn Ihr

Meerschweinchen hinkt und Sie Ihre Ratlosigkeit dem Forum mitteilen. Nutzen Sie die gesammelte Erfahrung von Meerschweinchenhaltern, die diese Foren bieten – aber suchen Sie im Fall von Krankheiten bitte einen Tierarzt auf, denn für die richtige Diagnose und Behandlung ist die direkte Untersuchung am Patienten unerlässlich. Andererseits dienen die Foren auch einfach der Freude am Meerschweinchen – die umso größer ist, wenn man sie teilen kann. Unzählige bezaubernde Meerschweinchenbilder sind hier zu finden, oft in Verbindung mit amüsanten und hilfreichen Informationen zum Sozialverhalten unserer kleinen Mitbewohner.

FREIE IDEENWELT

Insgesamt haben Meerschweinchen enorm vom Internet profitiert: Über das Internet wurden unzählige Ideen verbreitet, wie Meerschweinchenhalter artgerechte Gehege bauen und ihren Schweinchen mit Einrichtung, Futterspielen und Kuschelsachen ein glückliches Leben bieten können. Wer sucht, findet rasch Anleitungen für alles: Eigenbauten, Regalgehege, Freilauf, Häuser, Unterstände, Kuschelrollen, Meerschweinchensofas und Hängematten, sogar für anspruchsvolles Spielzeug wie die „Cavia Training Unit". Keine Angst: Nur wenige der Erfinder sind Profi-Handwerker oder Schneider. Die Anleitungen wenden sich an Laien, die Lust am Basteln und Ausprobieren haben – zum Wohle ihrer Meerschweinchen. Und denen ist es egal, ob ein Häuschen windschief gerät: Hauptsache gemütlich und sicher!
Aber nicht nur kreative Ideen, sondern auch wesentliche Grundsätze der Meerschweinchenhaltung haben sich dank Internet verbreitet und im Bewusstsein verantwortlicher Tierhalter verankert: Erst mit der Etablierung des Internets hat sich die Grundregel „Keine Einzelhaltung!" durchgesetzt. Ähnliches gilt für die Fehlannahme, dass Meerschweinchen

und Kaninchen sich gut vertragen, für die Gehegegröße und für wesentliche Prinzipien gesunder Meerschweinchenfütterung. Eine große Hilfe sind auch die vielen detaillierten Informationen über Meerschweinchenkrankheiten, die mittlerweile im Internet zu finden sind. Gerade bei häufigen Erkrankungen erhalten besorgte Halter hier Hinweise zu erster Hilfe und Pflege, und sie können oft auch die Adressen von meerschweinchenerfahrenen Ärzten in ihrer Region finden. Grundsätzlich gilt allerdings: Das Internet übernimmt nicht das Denken und Handeln. Nur wenn Informationen geprüft und verglichen, wesentliche Prinzipien befolgt und weitergegeben werden, können Meerschweinchen tatsächlich vom reichen Wissen im Internet profitieren.

Abwechslungsreiche Futterspiele findet man im Internet.

GEFAHR INTERNET

Leider kann das Internet Meerschweinchen aber auch gefährlich werden. Denn vor allem über Youtube und soziale Foren wird auch Missbrauch verbreitet und als „lustig" verkauft. So finden Sie auf Youtube Filme, wie Sie Ihren Meerschweinchen an heißen Tagen „Abkühlung" verschaffen können: Da paddeln dann einige panische Tiere in einem Swimmingpool um ihr Leben – ein „Vergnügen", das oft tödlich endet. Andere Beiträge empfehlen – ungewollt und undurchdacht – die unkontrollierte Vermehrung. Da ist eben mal der potente Bock aus dem einen Gehege in das andere gehüpft, und schon sind vier Weibchen trächtig. Kurz darauf findet man dann Videos von dem unglaublich süßen Nachwuchs und der „lustigen" Meerschweinchenschwemme in einer engen Studenten-WG.

Das alles ist nicht amüsant, sondern unverantwortlicher Umgang mit Tieren – der leider viele Nachahmer findet, denn das sieht ja alles so putzig aus, und die Tiere lassen sich offensichtlich gerne streicheln, herumtragen und in kleine Dirndl stecken. Wer sich ernsthaft für Meerschweinchen interessiert und ihnen ein artgerechtes Leben ermöglichen möchte, der sollte solche Seiten nicht unterstützen: Bitte nicht anklicken, auch wenn die Kurzvideos noch so niedlich erscheinen mögen.

ZÜCHTUNG

Seit der Etablierung des Internets ist die Meerschweinchenvermehrung explodiert. In unendlicher Zahl werden Meerschweinchenbabys per Online-Kleinanzeige von „Hobbyzüchtern" angeboten. Wer auf diese Weise ein Tier erwirbt, sollte sehr genau nachfragen, wie gezüchtet wird – oder ob es sich hier um unkontrollierte Vermehrung handelt. Verantwortungsvolle Zucht verlangt spezielle Kenntnisse (zu deren Erwerb Züchter-Seminare besucht werden müssen), Erfahrung und

02

03

01

Einsatz von Geld und Zeit. Vor allem aber gibt es einige Rassen, die genetisch vorbelastet sind – oder auch am Rande zur Qualzucht stehen. Ohne entsprechende Kenntnisse riskieren Sie bei einer Vermehrung das Leben Ihrer Meerschweinchen – und setzen die Jungen (wenn sie überleben) dem Risiko eines Lebens mit Behinderungen aus.

01 *Kurz vor der Geburt haben trächtige Weibchen einen enormen Körperumfang.*

02 *Große Gruppen sind schön zu beobachten.*

03 *Dennoch sollte man dem Kauf bei dubiosen Anbietern widerstehen, ...*

04 *... da die Tiere sonst hemmungslos vermehrt werden. Und nicht jedes wird gesund sein und ein schönes Zuhause finden.*

04

01

02

Einmal Babys? Bitte nicht!

— Irrtümer, die sich halten

Zahllose Meeri-Fans lassen ihre Tiere Junge bekommen. Die wesentlichen Gründe dafür sind allerdings fatale Fehlannahmen.

1. Irrtum: „Eine Geburt verlängert die Lebenserwartung des Weibchens."

Dies ist nicht der Fall. Tatsächlich stellt eine Schwangerschaft eine extreme Belastung für den Organismus des Weibchens dar, und es können zahlreiche lebensbedrohliche Komplikationen auftreten: Schwangerschaftstoxikosen, abgestorbener, zu großer oder missgebildeter Nachwuchs und ähnliche Probleme führen meist zum Tod von Mutter und Kindern. Bei Schweinchen, die beim ersten Wurf älter als ein Jahr sind, sind die Beckenbänder oft bereits so unelastisch, dass die Babys nicht mehr durch die Öffnung passen. Selbst einen zeitig eingeleiteten Notkaiserschnitt überleben die meisten Meerschweinchen nicht.

2. Irrtum: „Meerschweinchen leiden, wenn sie keinen Nachwuchs bekommen."

In Wahrheit verspüren Meerschweinchen-weibchen keinen Kinderwunsch, wie wir es von Menschen kennen. Sie folgen ihren

03

Instinkten, leben im Hier und Jetzt. Sind sie brünstig, möchten sie ihren Sexualtrieb befriedigt haben – das kann auch ein Kastrat erfüllen.

01 *Keine Frage: Meerschweinchenbabys sind unglaublich süß ...*

02 *... wie auch das Familienleben mit Eltern und Kindern.*

03 *Aber: Aus einem Meerschweinchenpärchen können in 12 Monaten 160 Schweinchen hervorgehen!*

3. Irrtum: „Meerschweinchen-Babys sind unglaublich süß!"

Das stimmt. Doch bei mangelnden Kenntnissen in Sachen Genetik und Unkenntnis der Abstammung der Tiere sind missgebildete und nicht lebensfähige Babys keine Seltenheit. Jedes Schweinchen mit nur einem weißen Haar kann ein verdeckter Schimmel sein. Verpaart man ein solches Tier mit einem ebenfalls verdeckten Schimmel, entstehen schwer missgebildete Babys.

Dies ist nur einer von zahlreichen Risikofaktoren in der Züchtung. Das Fortpflanzen von Meerschweinchen gehört daher einzig in die Hände von professionellen Züchtern, die sich jahrelang durch Genetikschulungen und Fortbildungen auf diese schwierige Aufgabe vorbereitet haben.

4. Irrtum: Einmal ist keinmal!

Der Wunsch, einmal Babys zu haben, ist nahezu klassisch und leider oft der Beginn von Kinderzimmer- und Kellerzuchten, die völlig

aus dem Ruder laufen. Häufig muss ein Weibchen eine Schwangerschaft nach der anderen durchstehen: Sobald der Nachwuchs auf der Welt ist, wird das Böckchen die Mutter erneut decken – meist innerhalb der ersten 24 Stunden nach der Geburt. Und das Problem potenziert sich: Babyböckchen sind bereits mit 3 bis 4 Wochen und 300 Gramm Gewicht zeugungsfähig. Verpasst man den richtigen Zeitpunkt, werden Schwestern und Mutter sowohl von Vater und Brüdern gedeckt. Aus einem Wurf wird so schnell ein fataler Kreislauf aus immer mehr Babys, Inzucht und Krankheit.

Daher gilt: Verantwortung zu übernehmen

Für jeden echten Tierfreund muss klar sein: So süß Meerschweinchenbabys sind – ich setze meine Tiere dieser Gefahr nicht aus. Wer unbedingt Babys möchte: In vielen Notstationen werden Jungtiere geboren, die vermittelt werden.

Notstationen und Meerschweinchenschutz

Zehntausende von Meerschweinchen in Deutschland suchen ein gutes Zuhause. Dank Notstationen und Hilfsorganisationen haben viele von ihnen eine Chance auf ein neues, besseres Leben.

Die gute Seite des Internets ist wiederum, dass viele unerwünschte oder ausgesetzte Tiere dank des Internets Hilfe und zuletzt ein gutes Zuhause finden. In jeder Region Deutschlands gibt es eine beträchtliche Anzahl an Notstationen und privaten Pflegestellen, ergänzt durch mehrere überregionale Vereine, die Meerschweinchen ein neues Zuhause geben.

Hier finden Halter Hilfe, die ihre Tiere wegen Umzug oder Allergie abgeben müssen, hier landen verwitwete Meerschweinchen, die sonst ein trauriges Leben in Einzelhaft führen müssten, und hier findet so mancher dramatische Notfall sein gutes Ende.

Die Notstation ist nur ein Übergang: Meerschweinchen werden aufgenommen, gesundheitlich untersucht, gegebenenfalls gesundgepflegt. Im Internet werden sie von der Notstation vorgestellt – und finden so neue Halter, die sich spontan in ein bestimmtes Tier verliebt haben.

In der Regel achten die Notstationen und Vereine sehr genau darauf, dass das neue Zuhause den Bedürfnissen von Meerschweinchen entspricht. Auf diese Weise haben sich in den letzten Jahrzehnten die Haltungsbedingungen von Meerschweinchen erheblich verbessert: weil es mehr Information im In-

ternet gibt, aber auch weil die Einrichtung „Notstation" mit ihrer Qualitätssicherung in der Meerschweinchenhaltung zunehmend zur ersten Anlaufstelle für Meerschweinchen-interessierte wird.

Vereine bieten darüber hinaus Beratung und Hilfe bei konkreten Problemen an: Über das Internet können Sie mit Meerschweinchenexperten Kontakt aufnehmen, die seit Jahrzehnten Erfahrungen gesammelt haben und ihr Wissen im Interesse der Tiere sehr gerne weitergeben.

LEIHSCHWEINCHEN

Eines Ihrer zwei Meerschweinchen ist gestorben. Sie möchten oder müssen die Meerschweinchenhaltung beenden, wollen das verbliebene, geliebte Tier aber natürlich nicht einfach so weggeben. Was tun?

Dieses häufige Problem wird mithilfe von „Leihschweinchen" gelöst: In Notstationen finden Sie ein passendes Partnertier für Ihr verbliebenes Schweinchen. Wenn dieses dann auch gestorben ist, können Sie das Leihschweinchen zurückgeben und die Meerschweinchenhaltung beenden. Das Leihschweinchen wird anschließend von seiner

In Notstationen lernen viele Tiere erst, wie schön ein Meerschweinchenleben sein kann.

Pflegestelle in ein neues, diesmal endgültiges Zuhause vermittelt. Diese Lösung hilft Ihnen, Ihrem geliebten Tier bis zu dessen Tod den notwendigen Partner zu geben – ohne dass das Leihschweinchen deswegen ungebührlich strapaziert wird.

PATENSCHWEINCHEN

Dank Internet dürfen sie ein erfülltes Leben führen: Meerschweinchen, die unheilbar krank sind und deswegen von Notstationen nicht mehr an Halter vermittelt werden. Ihre Geschichte ist oft erschütternd: Mary, die als Jungtier von ihrem betrunkenen Halter an die Wand geworfen wurde und sich seitdem blind und mit starken Gleichgewichtsstörungen durch ihr Leben tastet. Judy, die als schwer verletztes Baby vom Tierarzt aufgegeben wurde – und dann doch noch fünf lebensfrohe Jahre in ihrer Notstation verbrachte. Oder Max, der im Alter Arthrose bekam und, obwohl er sich nur noch langsam bewegen konnte, bis zuletzt der geliebte Mit-

telpunkt seiner Schweinegruppe blieb. Die Zahl dieser geplagten kleinen Wesen ist unermesslich. Dank des unermüdlichen Einsatzes ihrer Pfleger und dank der kleinen, aber so wesentlichen Geldspenden von Meerschweinchenliebhabern wird ihnen ein friedliches Schweineleben geschenkt: Sie sind „Patenschweinchen", die – von Notstationen und Pflegestellen im Internet mit ihrer Geschichte vorgestellt – in Deutschland und sogar darüber hinaus Unterstützer gefunden haben. Einige wenige Euro im Monat reichen aus, um ihnen ein gutes Leben zu geben.

Hinzu kommt – und das ist nicht zu vergessen – die Aufopferungsbereitschaft der Pfleger: Päppeln, Medikamentengaben, regelmäßige Tierarztbesuche, vor allem aber die ständige Sorge, wie es dem hilfsbedürftigen Tier heute geht, ob sich der Zustand verschlechtert, ob die nächste Erkrankung den Tod bedeutet. Zu diesen kleinen Wesen entwickeln Meerschweinchenhalter eine innige Beziehung: Der tägliche intensive Umgang verbindet Mensch und Meerschweinchen auf besondere Weise.

Meerschweinchen in Not
— Alltag im Tierschutz

01

02

23 Meerschweinchen im Wald ausgesetzt und ihrem Schicksal überlassen – unter-ernährt, voller Milben, zum Teil hochträchtig. Am 5. Mai 2015 fand eine Spazier-gängerin die Tiere im Wald bei Ulm und alarmierte die Gemeinde.

Neun der Findlinge kamen in die Pflegestelle Gomaringen der Meerschweinchen-hilfe e.V. Völlig verhungert machten sie sich über Heu und Möhren her – manche, obwohl erwachsen, waren kaum größer als Babys, das Fell verfilzt oder gänzlich ausgefallen.

Nach Meerschweinchenart fassten sie aber rasch Vertrauen, sobald sie erkannten, dass diese Zweibeiner es gut mit ihnen meinten. Viele von ihnen mussten über mehrere Wochen tierärztlich behandelt werden: Pilzbefall, Milben, Zahnproble-me. Die trächtige Grace bekam Blutungen und verlor ihre fünf Babys; immerhin erholte sie sich von der Notoperation. Heute ist sie ein glückliches Schweinchen in einem guten Zuhause. Tara, ein vertrauensvolles, munteres Rosettenmädchen, starb dagegen unerwartet, nachdem sie in der Pflegestelle wenigstens noch einige Wochen lang hatte erleben dürfen, dass ein Meerschweinchenleben auch schön sein kann. Die anderen Weibchen bekamen ihre Babys ohne Komplikationen – in der Pflegestelle ging es bald rund, mit 19 wuseligen Zwergen!

Wegwerfschweinchen, vernachlässigt und ausgesetzt: Wenigstens einige von ihnen werden gerettet und finden ein gutes, liebevolles Zuhause.

01 *Ausgehungert: Endlich können die Notschweinchen sich satt futtern.*

02 *DurchPilz und Milben sind große Teile des Fells ausgegangen.*

03 *Stolze Mama: Mayla mit fünf Babys*

04 *Eine Spaziergängerin fand 23 Schweinchen, die im Wald ausgesetzt waren.*

05 *Immer hungrig: Gib mir mehr Heu!*

03

04

05

Service

— Wissenswertes für Schweinchenhalter

ZUM WEITERLESEN

Bücher

Beck, Angela: **Meerschweinchen. Halten, pflegen, beschäftigen.** Kosmos 2013

Busch, Marlies: **Taschenatlas Pflanzen für Heimtiere, gut oder giftig?** Ulmer 2014

Drescher, Birgit & Hamel, Ilse: **Meerschweinchen – Heimtier und Patient.** 3. Auflage. Enke 2012

Morgenegg, Ruth: **Artgerechte Haltung – ein Grundrecht auch für Meerschweinchen.** 3. Auflage. tbv 2005

Ewringmann, Anja & Glöckner, Barbara: **Leitsymptome bei Meerschweinchen, Chinchilla und Degu. Diagnostischer Leitfaden und Therapie.** 2. Auflage. Enke 2014

Wilde, Christine: **Traumwohnungen für meine Meerschweinchen.** Ulmer 2008

Wilde, Christine: **Kosmos Handbuch Meerschweinchen.** Kosmos 2015

Zysk, Stefanie: **Meine Meerschweinchen. So werdet ihr die besten Freunde.** Kosmos 2014

Zeitschriften

Rodentia: Kleinsäuger-Fachmagazin, Natur und Tier-Verlag, Münster

Quiek! Das original Meerschweinchen Magazin, www.quiek.moehschweinchenfarm.de

ZUM WEITERCLICKEN

Webseiten allgemein

www.fraumeier.org/
Tolle Seite mit vielen Infos zu Krankheiten
und Therapie

www.spikeskleinewelt.de
Hier findet man Nähanleitungen für Kuschelsachen sowie schöne Eigenbaugehege.

www.nager-info.de
Sehr ausführliche und umfassende Homepage
rund ums Meerscheinchen.

www.sifle.de
Auf dieser Homepage finden Sie schöne
Gehege, tolle Beschäftigungsmöglichkeiten
und vieles mehr.

www.salat-killer.de
Das ist eine der ausführlichsten und best-
recherchierten Webseiten

www.dmsl.de
Deutsche Meerschweinchenliste – das älteste
Meerschweinchenforum im Internet

Notstationen und Tierschutz

Hier finden Sie Vereine und Organisationen,
die Meerschweinchen aufnehmen und in
liebevolle Hände weitervermitteln.

www.notstation.de
(mit Überblick über regionale Notstationen)
www.meerschweinchenhilfe.de (Südwest-
deutschland)
www.meerschweincheninnot.de
www.notmeerschweinchen.de
www.notmeerschweinchen-deutschland.de
www.notmeeris-vermittlung.webnode.com
www.meerschweinchen-nothilfe-
hamburg.de (Großraum Hamburg –
Lübeck – Lüneburg)

Anleitungen für Eigenbauten

Wer Anregungen zum Bau schöner Meerschweinchengehege sucht, wird hier fündig.
www.klappgehege.blogspot.de
www.tierische-eigenheime.de.tl/
Meerschweinchen.htm
www.diebrain.de/I-gehegebilder.html
www.salatgurken.net/EB/menu06.html

Außenhaltung

Ein Leben im Freien? Hier finden Sie
wertvolle Tipps zur Außenhaltung.
www.cavy-forest.de/aussenhaltung-
startseite
www.diebrain.de/lext-aussen.html

DANKE

Mein großer Dank geht an die Kolleginnen von der Meerschweinchenhilfe e. V. (MSH): Seit vielen Jahren nehmen sie Meerschweinchen in Not auf, pflegen sie und vermitteln sie – unter genauer Prüfung – in ein gutes Zuhause. Mehrere tausend Schweinchen haben so erleben dürfen, was ein glückliches Meerschweinchenleben ist.

Im Hinblick auf dieses Buch danke ich den MSH-Helferinnen für unseren Austausch und das Teilen von Erfahrungen. Ein besonderes Dankeschön geht dabei an Nina Enchelmaier, Elisabeth Moussouni (Spezial „Einmal Babys?"), Clara Messerschmidt und Julia Ries, die für dieses Buch Texte und Bilder beigesteuert und das Manuskript probegelesen haben.

Dem Kosmos-Verlag und besonders der Lektorin Alice Rieger danke ich sehr herzlich für die gute Zusammenarbeit – möge unsere gemeinsame Arbeit an diesem Buch vielen Meerschweinchen zugute kommen!

Dieses Buch ist Lukas gewidmet, meinem geliebten Meerschweinchen, das nur fünf Monate alt werden durfte.

Meerschweinchen Lukas

ZUR FOTOGRAFIN

Fotografie und Tiere – das ist die Leidenschaft von TATJANA DREWKA. Geduldig fängt die junge Diplom-Fotodesignerin die schönsten Seiten der Tiere ein. Ihre Bilder kann man in zahlreichen Zeitschriften, auf Kalendern und in Ratgebern bewundern.

Ihre ganz besondere Liebe gilt den Meerschweinchen. Sie engagiert sich im Tierschutz und betreibt einem Gnadenhof für Meerschweinchen und Kaninchen. Derzeit lebt sie mit ihrer Familie und ihren Tieren in Dortmund. *www.tierfotoarchiv-drewka.de*

REGISTER

Mehr zum Thema —— Meerschweinchen

Christine Wilde

Kosmos Handbuch Meerschweinchen

MIT KOSMOS MEHR ENTDECKEN
—Tipps zur optimalen Haltung
SEIT 1822

KOSMOS

192 Seiten, ca. €(D) 19,99

Christine Wilde beschreibt, wie Meerschweinchen in freier Wildbahn leben, welche Verhaltensweisen typisch sind und zieht Rückschlüsse auf die Heimtierhaltung: Gruppenleben mit viel Platz und Versteckmöglichkeiten statt beengter Käfige; Heu, Grünfutter, Gemüse und Zweige statt nur Fertigfutter. Hier erhält man nicht nur ausführliche Informationen über das Verhalten und die Haltung der Meerschweinchen, sondern auch darüber, wie man sie gesund hält und abwechslungsreich beschäftigt.

BILDNACHWEIS

126 Farbfotos wurden von Tierfotoarchiv-Drewka / Kosmos für dieses Buch aufgenommen. Weitere Farbfotos von Oliver Giel (3; S. 122/123 alle 3), Linda Maria Koldau (10; S. 23 alle 4, 26 beide, 27 beide, 132), Clara Messerschmidt, Meerschweinchenhilfe e. V. (4; S. 126 beide, 127 o.l. und u.), Heike Schmidt-Röger / Kosmos (11; S. 60, 94, 112, 113 u., 114, 115 beide, 120 beide, 121 beide), Shutterstock © Rita Kochmarjova (1; S. 34), www.sifle.de (13; S. 61 beide, 66 o., 107 beide, 109 alle 3, 110, 111 alle 4).

Die Filme wurden von Dr. Evelyne Fiedler, Science&Art, Wissenschaftliche Medien gedreht.

IMPRESSUM

Umschlaggestaltung von GRAMISCI Editorialdesign unter Verwendung von 7 Farbfotos von Tierfotoarchiv-Drewka / Kosmos (U1, U4 und vordere Klappe innen), Heike Schmidt-Röger / Kosmos (1; vordere Klappe innen, unten Mitte) und privat (Autorenfoto).

Mit 167 Farbfotos.

Unser gesamtes Programm finden Sie unter **kosmos.de.**
Über Neuigkeiten informieren Sie regelmäßig unsere
Newsletter, einfach anmelden unter **kosmos.de/newsletter**

Gedruckt auf chlorfrei gebleichtem Papier

© 2017, Franckh-Kosmos Verlags-GmbH & Co. KG, Stuttgart.
Alle Rechte vorbehalten
ISBN 978-3-440-14702-3
Redaktion: Alice Rieger
Gestaltungskonzept: Peter Schmidt Group GmbH, Hamburg
Gestaltung und Satz: Katrin Kleinschrot, Stuttgart
Produktion: Eva Schmidt
Druck und Bindung: Print Consult GmbH, München
Printed in Slovakia / Imprimé en Slovaquie

FSC
www.fsc.org
MIX
Paper from
responsible sources
FSC® C084279